边坡稳定性强度折减数值分析方法与应用

林 杭 曹 平 著

U0323634

科学出版社

北 京

内 容 简 介

本书首先讨论强度折减法安全系数的定义，分析黏结力 c 和内摩擦角 ϕ 对于稳定性的影响程度，提出等效影响角的概念；其次，采用边坡的位移等值线对滑动面进行判断，实现滑动面直接确定方法；最后探讨强度折减法在其他准则中的应用。

全书内容翔实、重点突出，配有大量插图，使读者能够迅速、准确而深入地理解边坡强度折减法的原理和使用方法，快速掌握强度折减数值分析方法及其应用。

本书可作为理工科院校岩土、隧道、铁路、公路等相关专业的高年级本科生、研究生与教师的相关教材，也可作为从事岩土工程、道路与铁道工程、隧道工程等专业的科研人员和工程技术人员学习参考用书。

图书在版编目（CIP）数据

边坡稳定性强度折减数值分析方法与应用/林杭，曹平主编. —北京：科学出版社，2016.3

   ISBN 978-7-03-047626-5

  Ⅰ. ①边… Ⅱ. ①林… ②曹… Ⅲ. ①边坡稳定性–强度–数值分析 Ⅳ.
①TU413.6

中国版本图书馆 CIP 数据核字（2016）第 047926 号

责任编辑：刘信力 李梦华／责任校对：蒋 萍
责任印制：张 伟／封面设计：陈 敬

科 学 出 版 社 出版

北京东黄城根北街 16 号
邮政编码：100717
http://www.sciencep.com

北京盛通商印快线网络科技有限公司 印刷
科学出版社发行 各地新华书店经销
*
2016 年 3 月第 一 版 开本：720×1000 B5
2019 年 11 月第四次印刷 印张：11 1/2
字数：220 000

定价：**68.00 元**
（如有印装质量问题，我社负责调换）

前　　言

稳定性分析是边坡工程最基本最重要的问题，也是边坡设计与施工中最难和最迫切需要解决的问题之一。通常采用极限平衡法对边坡稳定性进行研究，但因为极限平衡法引入了一些简化假定，所以结果的严密性受到损害。随着计算机技术的不断发展，采用强度折减法进行边坡稳定性分析成为新的趋势。与传统的极限平衡法相比，强度折减法不但满足力的平衡条件，而且考虑了材料的应力应变关系，计算时不需任何假定，能自动求得任意形状的临界滑动面及相应的最小安全系数，同时还可反映坡体失稳及塑性区的发展过程，使分析研究的理论基础更为严密。关于强度折减法可进行较多方面的研究，包括：强度折减法和极限平衡法计算边坡的安全系数和潜在滑动面时，存在一些差别，但是影响这些差别的原因，以及它们之间的关系尚不明确；从微观角度分析边坡失稳本质，探讨黏结力和内摩擦角对稳定性的影响程度，哪个参数先发挥作用，或者哪个参数对稳定性的贡献较大；从数值计算结果进行边坡临界失稳状态的识别；利用强度折减法的结果直接确定边坡的临界滑动面，以及相应影响因素；强度折减法在其他破坏准则中的应用等。

全书共 8 章，内容包括：第 1 章绪论，第 2 章边坡安全系数定义及抗剪强度机理，第 3 章边坡临界失稳状态的判定标准，第 4 章滑动面确定方法及稳定性影响因素研究，第 5 章基于边坡极限状态的土体抗剪强度参数反分析，第 6 章考虑锚杆支护情况下的边坡强度折减法，第 7 章强度折减法在其他准则中的应用，第 8 章强度折减法的工程应用等。

本书内容为作者近几年关于强度折减法的相关研究成果，感谢湖南省力学重点学科和中南大学创新驱动计划 (编号：2016cx019) 的资助，感谢中南大学李江腾教授等为本书提供的部分研究成果和素材。感谢研究生刘庭发、陈宝成、黄齐、陈靖宇、钟文文等所做的相关研究工作，感谢研究生王虎所做的校对工作。

限于时间和作者水平，书中疏漏之处在所难免，欢迎广大读者和同行批评指正。

作　者

2015 年 11 月

目　　录

前言

第 1 章　绪论 ·· 1

1.1　边坡稳定性分析的目的和意义 ······················· 1

1.2　安全系数计算方法的发展现状 ······················· 3

  1.2.1　安全系数计算方法的发展概况 ················· 3

  1.2.2　强度折减法的发展综述 ······················· 4

1.3　本书的主要研究内容 ······························· 7

第 2 章　边坡安全系数定义及抗剪强度机理 ················· 9

2.1　引言 ··· 9

2.2　Mohr-Coulomb 强度准则 ·························· 10

2.3　安全系数的不同定义形式 ·························· 12

  2.3.1　强度储备安全系数 F_{s1} ······················ 12

  2.3.2　Fellenious 法安全系数 F_{s2} ·················· 14

  2.3.3　超载储备安全系数 F_{s3} ······················ 15

  2.3.4　下滑力超载储备安全系数 F_{s4} ················ 15

2.4　强度折减法的基本原理 ···························· 16

2.5　稳定性的抗剪强度参数影响效应 ···················· 16

  2.5.1　计算模型 ································· 17

  2.5.2　计算方案设计 ····························· 17

  2.5.3　不同坡角下 c 的影响 ······················· 18

  2.5.4　不同坡角下 ϕ 的影响 ······················· 19

  2.5.5　不同坡角下 c 和 ϕ 的影响对比 ·············· 19

  2.5.6　边坡等效影响角 θ_e ························ 21

第 3 章　边坡临界失稳状态的判定标准 ···················· 29

3.1　引言 ··· 29

3.2　计算方法与模型 ································· 30

  3.2.1　弹性参数的折减方法 ························· 30

  3.2.2　计算模型 ································· 32

3.3　塑性区贯通判据 ································· 32

3.4　计算不收敛判据 ································· 33

　　3.5　位移突变判据 ·· 35

　　　　3.5.1　均质土坡监测点和位移方式 ···················· 35

　　　　3.5.2　节理岩质边坡监测点和位移方式 ················ 38

　　3.6　讨论 ·· 42

第 4 章　滑动面确定方法及稳定性影响因素研究 ··············· 43

　　4.1　引言 ·· 43

　　4.2　滑动面确定方法 ··· 43

　　　　4.2.1　单一滑动面确定 ·································· 43

　　　　4.2.2　多滑动面确定 ···································· 46

　　4.3　黏结力的影响 ··· 47

　　4.4　内摩擦角的影响 ··· 48

　　4.5　抗拉强度的影响 ··· 50

　　4.6　剪胀角的影响 ··· 52

　　　　4.6.1　剪胀机理 ·· 52

　　　　4.6.2　数值计算中对剪胀的处理 ···················· 54

　　　　4.6.3　无坡顶超载下剪胀角的影响 ·················· 54

　　　　4.6.4　有坡顶超载下剪胀角的影响 ·················· 56

　　4.7　弹性模量的影响 ··· 61

　　　　4.7.1　锚杆加固机理分析 ····························· 61

　　　　4.7.2　无支护情况下弹性模量的影响 ················ 63

　　　　4.7.3　有支护情况下弹性模量的影响 ················ 63

　　4.8　小结 ·· 64

第 5 章　基于边坡极限状态的土体抗剪强度参数反分析 ········ 66

　　5.1　引言 ·· 66

　　5.2　安全系数与滑动面之间关系的理论推导 ·················· 66

　　5.3　滑动面影响参数分析 ·· 67

　　　　5.3.1　$\lambda_{c\phi}$ 不变的情况 ································· 67

　　　　5.3.2　$\lambda_{c\phi}$ 增大的情况 ································· 70

　　　　5.3.3　$\lambda_{c\phi}$ 减小的情况 ································· 72

　　5.4　土体抗剪强度参数反分析 ····································· 73

　　　　5.4.1　边坡抗剪强度参数计算方法 ·················· 74

　　　　5.4.2　圆弧滑动面最大深度 D 值推导公式 ·········· 75

　　　　5.4.3　$\lambda_{c\phi}$ 与滑动面位置的关系 ···················· 77

　　　　5.4.4　图表绘制与分析 ································ 78

　　　　5.4.5　参数反分析方法的数值计算验证 ·············· 80

第 6 章　考虑锚杆支护情况下的边坡强度折减法 ·················· 82
　6.1　引言 ·· 82
　6.2　数值模型与方法 ·· 82
　6.3　锚杆长度的影响 ·· 83
　　6.3.1　锚杆长度与安全系数的关系 ·························· 83
　　6.3.2　锚杆长度与滑动面的关系 ···························· 84
　　6.3.3　加固中锚杆受力分析 ································ 85
　6.4　倾角和锚杆位置的影响 ·· 87
　　6.4.1　锚杆倾角的影响 ·································· 87
　　6.4.2　锚杆位置的影响 ·································· 89
　6.5　锚杆布设方式的影响 ·· 90
　　6.5.1　计算模型 ······································ 90
　　6.5.2　锚杆长度单调变化形式 ···························· 92
　　6.5.3　锚杆长度长短相间形式 ···························· 97
　　6.5.4　锚杆长度上下对称分布形式 ······················· 105
第 7 章　强度折减法在其他准则中的应用 ························ 110
　7.1　引言 ·· 110
　7.2　Hoek-Brown 准则中边坡安全系数的直接解法 ·················· 111
　　7.2.1　FLAC^{3D} 中的 Hoek-Brown 模型 ················ 111
　　7.2.2　m, s, σ_{ci} 与 c, ϕ 的关系 ···················· 114
　　7.2.3　m, s, σ_{ci} 的折减方法 ···························· 114
　7.3　广义 Hoek-Brown 准则中边坡安全系数的间接解法 ·············· 115
　　7.3.1　等效黏结力和内摩擦角 ···························· 115
　　7.3.2　间接解法 ······································ 118
　　7.3.3　参数影响分析 ·································· 119
　7.4　Hoek-Brown 准则强度折减法在三维边坡稳定性分析中的应用 ··· 121
　　7.4.1　工程概况 ······································ 121
　　7.4.2　数值模型 ······································ 122
　　7.4.3　监测点布置 ···································· 123
　　7.4.4　计算分析 ······································ 124
　7.5　强度折减法在 Ubiquitous 准则中的应用 ···················· 128
　　7.5.1　分析模型 ······································ 128
　　7.5.2　数值模型 ······································ 130
　　7.5.3　计算方法 ······································ 131
　　7.5.4　计算分析 ······································ 131

第 8 章　强度折减法的工程应用 ·· 134

8.1　引言 ··· 134

8.2　数值计算原理 ·· 134

8.3　Mohr-Coulomb 强度折减法在层状边坡稳定性分析中的应用 ···················· 137

    8.3.1　地质概况 ·· 137

    8.3.2　失稳机制 ·· 137

    8.3.3　数值计算方法 ··· 138

    8.3.4　分析与讨论 ·· 140

8.4　三维边坡的边界效应 ·· 144

    8.4.1　数值模型 ·· 144

    8.4.2　边界条件对三维边坡稳定性的影响 ··· 146

    8.4.3　边坡几何参数和强度参数对稳定性的影响 ·· 150

8.5　考虑坡面荷载分布的复杂三维边坡稳定性分析 ·· 155

    8.5.1　数值计算模型的建立 ··· 156

    8.5.2　荷载与边界条件的施加 ·· 159

    8.5.3　考虑坡面荷载的边坡稳定性分析 ··· 160

    8.5.4　稳定性影响因素分析 ··· 162

参考文献 ·· 172

第1章 绪　　论

1.1　边坡稳定性分析的目的和意义

随着我国经济建设的持续发展，基础设施建设、能源开发等工程规模不断扩大，边坡的失稳 (滑坡) 常威胁生命财产安全并带来巨大经济损失，如滑坡可导致交通中断 (图 1-1)、河道堵塞 (图 1-2)、城镇被掩埋 (图 1-3)、工程建设受阻等。历史上一些规模较大的滑坡，如意大利的瓦依昂坝滑坡，死亡人数达几千；中国宁夏回族自治区海源个别特大滑坡灾害的伤亡人数均以万计。另外，由于滑坡堵塞河道，形成天然水库，而这些水库又没有溢洪道，通常会在短期内溃决，形成特大洪水，因此导致更大灾害。滑坡可发生在土质边坡，也可发生在岩质边坡。发生在土质边坡的形态通常比较单一，基本上以剪切破坏为主，滑裂面为圆弧形或圆弧与夹泥层的组合型。岩质边坡发生的滑坡则因受岩体结构、地应力等影响，呈现出崩塌、滑动、倾倒、溃屈等多种破坏类型。

触发滑坡的因素是多种多样的。降雨和地震是最常见的外因；人类的工程活动也是导致滑坡的重要原因，常见的工程活动是边坡开挖，地下开挖也会触发地面沉降和滑坡；土方填筑也是导致滑坡的一个重要因素，在饱和软弱地基上修建堤坝，经常导致堤坝和地基一起滑动；高填方本身也会在填筑过程中发生滑坡；水库蓄水后库区经常发生大规模的崩岸和滑坡。

(a)　　　　　　　　　　　　　　　　　　(b)

图 1-1　滑坡堵塞公路[①]

---

①图 1-1～图 1-3 为 2008 年 5 月 12 日中国汶川地震后的几处滑坡照片。

图 1-2 滑坡堵塞河道

图 1-3 滑坡掩埋城镇

人类与滑坡灾害作斗争的努力始终没有中断过。这一努力表现在认识滑坡机理、完善边坡稳定分析理论和方法、开发滑坡治理技术和滑坡预警预报等方面。对滑坡灾害认识的不断深化是建立在地理、地质和岩石力学、土力学等一系列学科分支的形成、发展和完善的基础上的。而滑坡预报和治理是围绕确保生命财产安全和经济建设顺利开展这一中心进行的。只有在诸多领域内共同开展深入的研究，人类才有可能在防治滑坡灾害方面取得重大进展。

边坡稳定性分析是判断边坡是否稳定、是否需要加固及采取何种防护措施的主要依据，它是边坡工程中最基本最重要的问题，也是边坡工程设计与施工中最难和最迫切需要解决的问题之一。但是由于受到边坡复杂地形地质条件、岩土体不确定 (灰色) 力学性质和模糊多变的周边环境等因素影响，要想准确地判断边坡的稳定性实非易事。因此，如何合理地分析边坡稳定性，是一项具有重要理论和实践应用价值的研究工作。

1.2 安全系数计算方法的发展现状

1.2.1 安全系数计算方法的发展概况

边坡工程涉及工程数学、力学、工程地质学、工程结构等多个学科,其研究历史已达 200 余年。1776 年,法国工程师 Coulomb(库仑) 提出了计算挡土墙土压力的方法,标志着土力学雏形的产生。1857 年 Rankine(朗肯) 在假设墙后土体各点处于极限平衡状态的基础上,建立了计算主动和被动土压力的方法。库仑和朗肯在分析土压力时采用的方法被推广到地基承载力和边坡稳定分析中,形成了一个体系,这就是极限平衡方法[1]。极限平衡方法的基本特点是,只考虑静力平衡条件和土的 Mohr-Coulomb 破坏准则。也就是说,通过分析土体在破坏时力的平衡来求得问题的解。当然,在大多数情况下,问题是静不定的。极限平衡方法处理这个问题的对策是引入一些简化假定,使问题变得静定可解。这种处理使方法的严密性受到了损害,但是对计算结果的精度损害并不大,由此而带来的好处是使分析计算工作大为简化,因而在工程中获得广泛应用。

1916 年,瑞典的 Petterson 针对均质边坡提出了圆弧 (柱) 滑动分析方法,其做法是:将土坡横截面划分为许多竖条,假设条间作用力方向为水平且作用于竖条圆弧底面中点的合力与圆弧半径间的夹角为 ϕ,基于力的多边形封闭原理得出不同圆弧面对应的内摩擦角,通过比较最大内摩擦角与土体本身内摩擦角的关系来评价边坡的稳定性。这是采用条分法分析边坡稳定性的较早记录。后来 Fellenius 进一步发展了该方法,其考虑了土的黏结力,利用 Mohr-Coulomb 准则并忽略条间力的作用,依据力和力矩的平衡来分析边坡稳定性,这标志着普通条分法的正式诞生。此后,在 Fellenius 工作的基础上,逐渐发展了各种各样的极限平衡条分法,包括 Janbu 法、Bishop 法、Lowe-Karafiath 法、Morgenstern-Price 法、Spencer 法、美国陆军工团法、Sarma 法等[2]。例如,1955 年 Bishop 提出了修正的条分法,该方法也假定边坡滑面为圆弧形,它满足力矩平衡条件和垂直方向的力平衡条件,但不满足水平方向的力平衡条件;1957 年 Janbu 提出了更精细的条分法,适用于任意形状的滑动面,并在 1968 年和 1973 年进行了改进;Lowe 和 Karafiath 与美国军方工程师联合会提出了一种力平衡条分法;Morgenstern 和 Price 提出了一种既满足力平衡条件又满足力矩平衡条件的新方法,它允许条块间力的方向发生变化;Spencer 提出了一种简化的条分法,它预先假定了条块间力的作用方向;Hoek 提出了进行边坡楔形体分析的方法,假定各滑动面均为平面,以各滑动面总抗滑力与楔体总下滑力来确定安全系数;Revilla 和 Castillo 提出了剩余推力法,Sarma 提出了 "非垂直条分法",他认为除平面和圆弧面外,滑动体必须先破裂成相互滑动的块体后才能滑动。剩余推力法和 Sarma 法在岩质边坡的稳定性分析中得到了广泛的应用[2,3]。

但极限平衡法没有考虑材料的应力–应变关系，所得安全系数只是假定滑裂面上的平均安全度，求得的条间力和滑条底部反力也不是边坡滑移变形时真实存在的[4]。为了完善极限平衡法，不断有学者对其进行修正，主要考虑两个方面的问题，即滑动面和安全系数，提出了一般滑动面形状、局部安全系数和变动安全系数等概念。

虽然极限平衡法在边坡稳定性分析中得到了广泛应用，但由于其对问题的简化及假定可能与实际不符，因此具有一定的局限性。例如，土条间内力及滑面底部反力是假设的，不代表真实应力状态；计算中仍无法考虑更复杂的破坏准则；不能反映边坡的破坏机制，不能描述边坡屈服的产生、发展过程；不能提供坡体内应力–应变的分布情况；认为破坏是整个滑裂面上的抗剪强度同时达到土体屈服强度后而瞬间发生等。20 世纪 60 年代后，随着计算机技术的发展，有限元数值分析方法被逐渐引入岩土工程设计中，其适应性强，应用范围宽，但无法求出工程设计中十分有用的稳定安全系数与极限承载力。1975 年，英国科学家 Zienkiewicz 等[5] 提出在有限元中采用增加荷载或降低岩土强度的方法来计算岩土工程的极限荷载和安全系数，但由于当时缺少严格可靠、功能强大的大型数值计算方法，导致计算精度不足，从而没有得到岩土工程界的广泛采纳。直到 20 世纪末，计算机技术得到进一步发展，采用强度折减法求解边坡的安全系数逐渐成为一种新的趋势。与传统的极限平衡法相比，强度折减法不但满足力的平衡条件，而且考虑了材料的应力–应变关系，计算时不需任何假定，能自动求得任意形状的临界滑动面及相对应的最小安全系数，同时还可以反映坡体失稳及塑性区的开展过程，使分析研究成果的理论基础更为严密，从而得到学术界认可。另外，除了上述的极限平衡法和强度折减法，还存在其他安全系数计算方法，如：极限分析法、基于应力分析的数值模拟方法、可靠度法、人工智能法等。

1.2.2 强度折减法的发展综述

1975 年，Zienkiewicz 等[5] 在研究土力学中的相关性流动法则与非相关性流动法则的文章中，在算例部分里用有限元法分析了一个均质边坡稳定性。他们把黏聚力 c 和内摩擦角 ϕ 的正切值同时除以强度折减系数 SRF，使边坡刚好达到破坏状态，发现此时的强度折减系数与极限平衡法计算的安全系数非常接近。Zienkiewicz 等计算边坡安全系数的原理与极限平衡法相同，均采用对边坡材料强度进行同比折减，使滑动面上点达到 Mohr-Coulomb 破坏准则。两种方法主要的区别是，极限平衡法采用条分法进行受力分析，而 Zienkiewicz 等则采用力学分析能力较强的有限元法进行受力分析，使受力分析结果更为准确，进而可获得更准确的边坡稳定性分析结果。由于受当时计算机运算能力的限制，计算量很大的有限元法难以得到广泛应用，因此在随后的十多年中，该基于有限元法的边坡稳定性分析方法没有引起很大的关注。

1992 年，Matsui 和 San[6] 采用 Zienkiewicz 等的方法分析多个边坡的稳定性，并把该方法正式命名为 "强度折减技术 (shear strength reduction technique)"。他们从物理意义出发，讨论了临界强度折减系数与传统边坡稳定分析方法的安全系数的关系。因此，从一定意义上讲，Matsui 等极大地推动了强度折减的有限元边坡稳定分析方法的发展，从而引发了一系列相关研究。例如，Griffiths 和 Lane[7] 详细论述了如何把强度折减技术与理想弹塑性 (Mohr-Coulomb) 有限元法相结合分析边坡的稳定性，并从多角度对不同边坡进行了细致分析，其中包括均质土坡、含薄软夹层的边坡、不同软硬程度地基上的边坡、不同水位高度的边坡和双侧稳定分析的堤坝。他们通过大量算例分析及与极限平衡法结果比较，说明强度折减有限元法分析边坡稳定性的有效性。Han 和 Leshchinsky[4] 对比了采用极限平衡法和强度折减法分析边坡在不同工况下安全系数和滑动面的情况，发现两者之间的滑动面存在一定差别，但安全系数的差别很小。Dawson 等[8] 将强度折减法得到的结果与上限极限分析方法的结果进行对比，表明强度折减法得到的结果略大于极限方法得到的结果，并探讨了关联和非关联流动法则情况下的强度折减法。我国学者也对有限元强度折减法进行了研究，较早的有宋二祥[9] 定义了土工结构安全系数为极限承载力与所需承载力之比，给出了按此定义计算土工结构安全系数的有限元法。在计算中讨论了弧长控制法的应用。作为算例，首先计算了一座土坝的安全系数，并与 Bishop 法的计算结果相比较，二者相当吻合。此外，还计算了用土工织物加强路基的安全系数，进一步说明了此法的可靠性及适用性。连镇营等[10] 用强度折减有限元法对开挖边坡的稳定性进行了较为全面的研究。分析结果表明，当折减系数达到某一数值时，边坡内一定幅值的广义剪应力便自坡底向坡顶贯通，认为边坡破坏，定义此前的折减系数为安全系数；和强度指标相比，弹性模量、泊松比 (μ)、剪胀角和侧压力系数对边坡的安全系数影响不大；开挖边坡和天然边坡具有相似的破坏形式，表明强度折减有限元法适用于开挖边坡的稳定性分析；最后指出，强度折减有限元法具有广泛的适用性和良好的应用前景。郑宏等[11] 分析了目前在利用弹塑性有限元法求解安全系数时所存在的一些问题，指出在对强度参数折减的同时，必需满足 ϕ 和 μ 不等式：$\sin\phi \geqslant 1 - 2\mu$，才能使所求得的安全系数接近于经典的极限平衡法。随后，赵尚毅等、郑颖人等的工作[12~16] 掀起了国内强度折减法研究的热潮，使该方法成为研究热点。他们首先进行了该法基本理论和提高计算精度的研究。随着计算精度的提高，这种方法受到国内岩土工程界和设计部门的广泛关注。一方面扩大了有限元极限分析法的应用范围，另一方面开始被一些工程设计部门实际采用。之后，他们探讨了有限元法中安全系数的定义，以及有限元法的优越性；同时，将该方法的应用范围扩大，从均质的土坡、土基扩大到具有结构面的岩坡与岩基；从二维扩大到三维；还扩展到寻找边 (滑) 坡中多个潜在滑面；进行岩土与结构共同作用的支挡结构设计；他们利用有限元强度折减法对几种常用的屈服准则进行了比较，导出了各种准则互相代换的关系，并采用 Mohr-Coulomb 等面积圆屈服准则代替 Mohr-Coulomb 准则，通过算例表明由此求得的边坡安全系数与传统方法的计算结果十分接近。

目前，用于边坡稳定性分析的数值方法中的强度折减法通常是仅对强度参数进行折减，且对边坡整个区域的抗剪强度参数进行折减。杨光华等[17] 认为由于理想弹塑性模型的强度折减法在弹性阶段是按线性弹性且对弹性模量不折减，因此未能充分考虑屈服前岩土体的非线性，采用这种理想弹塑性模型的强度折减法计算所得变形偏小，因此提出在弹性阶段对弹性模量也进行折减的变模量弹塑性模型强度折减法。李小春等[18] 提出了一种基于局部强度折减法的多滑面分析方法，即首先定义单元安全系数的概念，并且计算边坡每个单元的安全系数，然后自动搜索出单元安全系数处于不同范围内的单元集合，对各个单元集合的强度参数进行折减计算，即可得到不同安全系数对应的滑动面。由于边坡的变形破坏是量变积累到质变的渐进发生过程，由坡体内部潜在滑动面的逐渐破损并扩展至整体滑面，因此陈国庆等[19] 基于强度折减法思想，提出模拟边坡渐进破坏的动态强度折减法。王军等[20] 针对边坡的变形特点，探讨流变固结效应下土质边坡的稳定性，利用强度折减技术分别建立流变作用和流变固结效应下强度折减法的计算式。

传统的强度折减法一般对 c 和 $\tan\phi$ 采用相同的折减系数。近年来，一些学者提出对 c 和 $\tan\phi$ 采用不同的折减系数，即双折减系数法，并进行了很有意义的研究。最早的有唐芬及其合作者[21~24] 认为边坡的破坏是一个渐进累积破坏过程，在边坡剪切带的形成过程中，土体的强度参数 c 和 ϕ 以不同衰减速度进行衰减，因此 c 和 ϕ 应有不同的安全储备；提出了在边坡稳定性分析中采用 c 的折减系数大于 ϕ 的折减系数的双折减系数法。白冰等[25,26] 认为采用两个折减系数时，可能的折减路径有无穷多个，如何确定双参数的折减路径是不清楚的。Yuan 等[27] 建议了一个双折减法，并提出了基于参数拟合的配套折减原则。白冰等[25] 又提出了定义安全系数的新框架 —— 基于参照边坡的安全系数定义，为双折减法建立了理论基础。将新提出的一种双折减法与经典强度折减法进行了比较，发现可以将经典强度折减法纳入该双折减法的计算过程，并从理论上证明了该双折减法的安全系数几乎总是小于经典强度折减法的安全系数。此外，赵炼恒等[28] 从能耗理论出发，假定黏聚力和内摩擦角按不同折减系数进行强度折减，采用不同边坡综合安全系数定义方式，根据虚功原理推导了各自综合安全系数的目标函数表达式。邹济韬和李云安[29] 分析了双强度折减法的原理，并运用传统的单一强度折减法、内摩擦角不折减只对内聚力折减、内聚力不折减只对内摩擦角折减以及内聚力和内摩擦角以不同折减系数同时折减等 4 种方法进行了有限元数值模拟。

1.3 本书的主要研究内容

本书主要针对边坡稳定性分析中的强度折减法理论和应用进行相应研究,整体框架如图 1-4 所示,主要内容如下。

(1) 讨论强度折减法安全系数的定义,以及其与极限平衡法安全系数定义的关系。

(2) 在实际边坡发生滑动时,并不是黏结力和摩擦力绝对一方充分发挥后,才由另一方发挥作用。滑动面上摩擦力与黏结力可能同时发挥作用,只是发挥程度不同而已。因此,本书分析在不同坡角情况下,不同的变化系数 K_c 和 K_ϕ 与安全系数 F 的关系,从而表征 c 和 ϕ 对稳定性的影响程度,从岩土体微观抗剪机理阐述边坡稳定性的影响因素。

(3) 对同一算例分别实施三种判据:塑性区贯通判据、计算不收敛判据、位移突变判据。采用快速拉格朗日元法 (Fast Lagrangian Analysis for Continuum, FLAC³ᴰ) FLAC³ᴰ 对边坡进行弹塑性稳定分析,将三种判据得到的安全系数与 Janbu 法的结果进行对比,讨论各种判据的合理性及实用性。由于弹性参数 μ 对计算结果存在一定影响,在判据实施之前,首先推导泊松比和内摩擦角之间的关系,并阐述弹性参数的折减方法。

(4) 采用强度折减法的计算结果直接确定边坡滑动面,并分析稳定性影响因素;利用 FLAC³ᴰ 建立均质土坡模型,折减边坡参数直至临界状态,得到位移等值线云图,通过 FISH 语言将该曲线和边坡线数据取出,从而量化滑动面;通过设置不同弹性区高度,得到多滑动面的确定方法。然后,分析拉剪破坏的影响因素:黏结力、内摩擦角、抗拉强度、剪胀角和弹性模量对安全系数和滑动面的影响。

(5) 研究锚杆支护情况下,边坡强度折减法的实施情况,通过 FLAC³ᴰ 建立数值计算模型,利用双弹簧 cable 单元建立锚杆系统,分析锚杆参数对边坡稳定性的影响,扩展强度折减法的应用范围。

(6) 为了在 Hoek-Brown 准则中实施强度折减法,并使其得到的结果与 Mohr-Coulomb 准则中强度折减法得到的结果等效,通过理论推导确定 Hoek-Brown 准则参数与 Mohr-Coulomb 准则参数之间的关系,然后进一步得到在 Hoek-Brown 准则中强度折减法的实施方法。

(7) 介绍 Ubiquitous-Joint 准则,研究 Ubiquitous-Joint 模型与强度折减法结合来计算边坡安全系数的方法和过程,并探讨层理倾角与边坡稳定性之间的关系。

(8) 进一步推广 Hoek-Brown 准则强度折减法在三维边坡稳定性分析中的应用,以某露天矿边坡为工程背景,利用快速拉格朗日差分法 (FLAC³ᴰ),建立三维数值分析模型,计算边坡的安全系数和破坏模式,从宏观的角度揭示边坡开挖后,不同区域的位移变形响应，为工程实践提供指导。

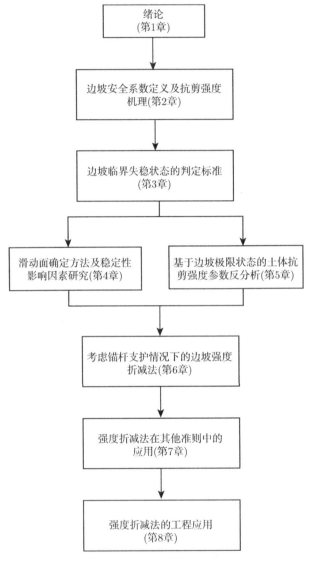

图 1-4   本书整体框架图

第2章　边坡安全系数定义及抗剪强度机理

2.1　引　　言

一般认为，边坡体的破坏是指岩土体沿滑裂面发生快速滑落或坍塌的现象，属于破坏力学范畴。当滑面上每点都达到极限应力状态时，滑坡体进入破坏，这就是破坏力学中的破坏准则，如岩土材料中采用的 Mohr-Coulomb 破坏准则，当前滑坡工程计算中，经典极限平衡理论中常以此为破坏条件。如果滑面上的力不以每点的应力表示，而以内力表示，那么当滑面上总的下滑力大于或等于抗滑力时，滑面就发生滑动。由此可见，破坏时整个滑面上都达到力的极限平衡状态，此时滑面上每点的岩土强度也都得到充分发挥。各点的强度主要是指材料抵抗剪切的能力，对其进行分析是边坡稳定性分析的理论基础，本章探讨边坡岩土体的抗剪强度机理。

对于不同的工程要求，设计人员采用不同的安全系数定义形式，但都要符合规范中规定的安全系数，边 (滑) 坡工程也不例外。边 (滑) 坡工程与结构工程不同，增大荷载并不一定能增大安全系数。随着荷载的增大，下滑力增大，抗滑力也会增大，导致边 (滑) 坡工程设计中出现多种安全系数定义。目前采用的安全系数主要有四种[30]：一是基于强度储备的安全系数，即通过降低岩土体强度来体现安全系数；二是 Fellenious 法安全系数；三是超载储备安全系数，即通过增大荷载来体现安全系数；四是下滑力超载储备安全系数，即通过增大下滑力但不增大抗滑力来计算滑坡推力设计值。当前，不同的计算方法体现的安全系数定义是不同的[16]。例如，传递系数法显式解中采用的安全系数为下滑力超载储备安全系数；但传递系数法隐式解中及国际上各种条分法都采用的是强度储备安全系数。对于同一安全系数，根据不同的安全系数定义会得出抗滑桩不同的推力设计值，导致抗滑桩的设计完全不同。又如，目前在边坡设计中采用荷载分项系数，即超载储备安全系数。当采用有限元增量超载法计算安全系数时，必然导致其安全系数与强度储备安全系数数值的不同，因此有必要对这些安全系数的定义方式进行讨论。

另外，目前边坡稳定安全系数的计算主要基于 Mohr-Coulomb 准则，该准则认为影响岩土体破坏情况的强度参数主要是黏结力 c 和内摩擦角 ϕ。但是，两者对于安全系数的贡献是否相同，在什么情况下，黏结力的作用大于内摩擦角的作用；什么情况下，内摩擦角的作用大于黏结力的作用；在什么情况下，两者对稳定性的影响作用相同，尚不明确。目前，这方面的相关文献还较少，其中 Taylor[31] 认为滑动面上的抵抗力包括摩擦力和黏结力两部分, 在边坡发生滑动时, 滑动面上摩擦力首先得到充分发挥, 然后才由黏结力补充。但在实际边坡发生滑动时, 并不是黏结力和摩擦力绝对一方充分发挥后, 才由另一方发挥作用; 滑动面上摩擦力与黏结力可能同时发挥作用, 只是他们发挥程度不同而已。因此, 有必要探讨 c 和 ϕ 对稳定性安全系数的影响程度。

2.2　Mohr-Coulomb 强度准则

材料的强度是指材料破坏时的应力状态, 定义破坏的方法是破坏准则。基于应力状态的复杂性, 破坏准则常常是应力状态的组合。强度理论是揭示材料破坏机理的理论, 它也以一定的应力状态组合来表示[32]。因而强度理论与破坏准则的表达式是一致的。强度理论的一般表达式应当是

$$f(\sigma_{ij}, k_i) = 0 \tag{2-1}$$

式中, 应力张量 σ_{ij} 为二阶张量, 有 6 个独立变量, 严格地讲, 它们对材料的强度都有影响; k_i 为强度参数。

如果用主应力表示, 则除了三个主应力的大小以外, 还与主应力方向有关。对于各向同性的材料, 式 (2-1) 可以表示为

$$f(I_1, I_2, I_3, k_i) = 0 \tag{2-2}$$

式中, I_1, I_2, I_3 分别为应力第一、二、三不变量, 其值分别为 $I_1 = \sigma_1 + \sigma_2 + \sigma_3$, $I_2 = \sigma_1\sigma_2 + \sigma_2\sigma_3 + \sigma_3\sigma_1$, $I_3 = \sigma_1\sigma_2\sigma_3$。

或者

$$f(p, q, \theta, k_i) = 0 \tag{2-3}$$

式中, p, q 分别为应力独立不变量, 其值为 $p = I_1/3$, $q = \sqrt{3J_2}$, J_2 为应力偏量第二不变量, 其值为 $J_2 = [(\sigma_1 - \sigma_2)^2 + (\sigma_2 - \sigma_3)^2 + (\sigma_3 - \sigma_1)^2]/6$; θ 为应力 lode 角, 可通过应力计算得到, $\theta = \dfrac{1}{3}\arcsin\left[\dfrac{-3\sqrt{3}}{2}\dfrac{J_3}{(J_2)^{3/2}}\right]$, J_3 为应力偏量第三不变量, $J_3 = (2\sigma_1 - \sigma_2 - \sigma_3)(2\sigma_2 - \sigma_1 - \sigma_3)(2\sigma_3 - \sigma_1 - \sigma_2)/27$。

在实际问题中, 人们总是探求和选择使材料破坏的主要因素, 忽略次要的应力因素, 建立适用的破坏准则, 并根据材料在简单应力状态下的试验确定材料强度参数和指标。

Mohr 准则是岩土力学中应用最普遍的准则, 其公式如下:

$$\tau_f = f(\sigma) \tag{2-4}$$

即一个平面上的抗剪强度 τ_f 取决于作用于这个平面上的正应力 σ。其中破坏包线的函数 $f(\sigma)$ 由试验确定。根据这一准则，当材料应力状态的最大 Mohr 圆与上式所表示的包线相切时，材料就发生破坏。这也意味着中主应力 σ_2 对于强度无影响。

最简单的 Mohr 包线是线性的

$$\frac{\sigma_1 - \sigma_3}{\sigma_1 + \sigma_3 + 2c \cdot \cot\phi} = \sin\phi \tag{2-5}$$

或者表示为

$$\tau = c + \sigma\tan\phi \tag{2-6}$$

式 (2-6) 是 Coulomb 于 1776 年所提出的 Coulomb 公式。其中 c 和 ϕ 是黏结力和内摩擦角。式 (2-6) 即 Mohr-Coulomb 强度准则，它被广泛应用于岩土材料。它表明材料的抗剪强度与作用于该平面上正应力有关。引起材料破坏不是由最大剪应力所决定，而是决定于某个平面上 τ-σ 的最危险组合。式 (2-6) 用应力不变量可表示为

$$\frac{I_3}{3}\sin\phi + \sqrt{J_2}\left(\frac{1}{\sqrt{3}}\sin\theta\sin\phi - \cos\theta\right) + c\cos\phi = 0 \tag{2-7}$$

或者

$$p\sin\phi + \frac{1}{\sqrt{3}}q\left(\frac{1}{\sqrt{3}}\sin\theta\sin\phi - \cos\theta\right) + c\cos\phi = 0 \tag{2-8}$$

Mohr-Coulomb 准则在主应力空间表现为一个不规则六面锥体表面，如图 2-1(a) 所示；它在 π 平面上的截面形状为一不规则的六边形，如图 2-1(b) 所示。

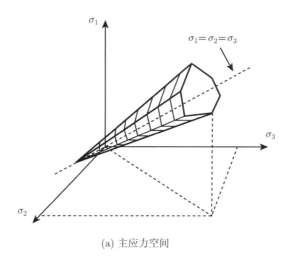

(a) 主应力空间

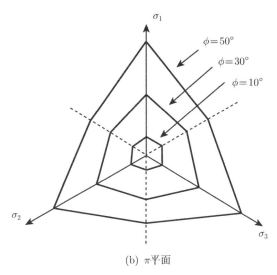

(b) π平面

图 2-1　Mohr-Coulomb 准则破坏面

除上述表达式外, 还可以用其他不同形式表示破坏准则。例如, 可将式 (2-5) 整理为

$$\frac{1}{2}(\sigma_1 - \sigma_3)(1 - \sin\phi) = c\cos\phi + \sigma_3\sin\phi \tag{2-9}$$

Mohr-Coulomb 准则可变化为[32~34]

$$\sigma_1(1 - \sin\phi) = 2c\cos\phi + \sigma_3(1 + \sin\phi) \tag{2-10}$$

后两种表达式便于从分散的试验结果中求平均值, 从而拟合出很好的直线, 确定参数的平均值。

2.3　安全系数的不同定义形式

2.3.1　强度储备安全系数 F_{s1}

1952 年, Bishop 提出了著名的适用于圆弧滑动面的简化 Bishop 法。在这一方法中, 边坡沿着某一滑裂面滑动的安全系数 F_{s1} 定义为, 将土的抗剪强度指标降低 F_{s1} 倍 (c^0/F_{s1} 和 $\tan\phi^0/F_{s1}$) 后, 则岩土体沿此滑裂面处于极限平衡状态, 即

$$\tau = c^{cr} + \sigma\tan\phi^{cr} \tag{2-11}$$

式中, τ, σ 分别为滑动面上的剪应力和正应力; $c^{cr} = c^0/F_{s1}$; $\tan\phi^{cr} = \tan\phi^0/F_{s1}$; c^0, ϕ^0 分别为边坡原始状态下的黏结力和内摩擦角; c^{cr}, ϕ^{cr} 分别为边坡临界平衡状态下的黏结力和内摩擦角。

上述将强度指标的储备作为安全系数定义的方法有明确的物理意义，安全系数的定义根据滑动面的抗滑力 (矩) 与下滑力 (矩) 之比得到，该定义经过多年来的实践被国际工程界广泛认可，这种安全系数只是降低抗滑力，而不改变下滑力。同时，用强度储备安全系数定义也比较符合工程实际情况，许多滑坡的发生常常是由外界因素引起岩土体强度降低而导致的。

取滑动面上任一点，如图 2-2，按照主应力形式变换式 (2-11)，可得

$$\frac{1}{2}(\sigma_1 - \sigma_3)\sin 2\alpha = c^{\mathrm{cr}} + \left[\frac{1}{2}(\sigma_1 + \sigma_3) - \frac{1}{2}(\sigma_1 - \sigma_3)\cos 2\alpha\right]\tan\phi^{\mathrm{cr}} \qquad (2\text{-}12)$$

$$F_{s1} = \frac{2c^0 + [(\sigma_1 + \sigma_3) - (\sigma_1 - \sigma_3)\cos 2\alpha]\tan\phi^0}{(\sigma_1 - \sigma_3)\sin 2\alpha} \qquad (2\text{-}13)$$

式中，σ_1，σ_3 分别为单元的第一、第三主应力；最危险滑移面为 AB；α 为最危险滑移面与最小主应力的夹角。

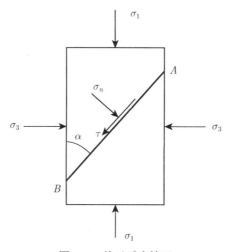

图 2-2 单元受力情况

由 $\dfrac{\mathrm{d}F_{s1}}{\mathrm{d}\alpha} = 0$ 可确定单元的最危险滑移面位置和单元最小安全系数

$$\alpha = \frac{1}{2}\arccos\left[\frac{(\sigma_1 - \sigma_3)\tan\phi^0}{2c^0 + (\sigma_1 + \sigma_3)\tan\phi^0}\right] \qquad (2\text{-}14)$$

$$F_{s1} = \frac{2\sqrt{(c^0 + \sigma_1\tan\phi^0)(c^0 + \sigma_3\tan\phi^0)}}{(\sigma_1 - \sigma_3)} \qquad (2\text{-}15)$$

由式 (2-15) 可知，F_{s1} 随位置而变，但人们在建立极限平衡法时，都自觉地将安全系数视为一个常数 F，这个 F 实际上是 F_{s1} 的一个平均值[30,35]。郑宏等[30] 认为将 F_{s1} 视为常数 F，实际上是极限平衡法引入的又一假定，这对于该方法中非静

定的条块系统是允许的。一般来说，只要所引入的假定在力学上合理，在数量上刚好能够求解出这个力系，就不会出现原则上的错误。

2.3.2　Fellenious 法安全系数 F_{s2}

该类安全系数的定义为

$$F_{s2} = \int_l F_{s1} \mathrm{d}l \tag{2-16}$$

将式 (2-16) 展开，得

$$F_{s2} = \frac{\int_l (c^0 + \sigma \tan \phi^0)\mathrm{d}l}{\int_l \tau \mathrm{d}l} \tag{2-17}$$

式 (2-17) 相当于 Fellenious 法，其对于安全系数的定义在数值方法，如有限元法中得到广泛应用，计算方法仅需要取真实的材料参数做一次非线性分析，然后基于某种算法，搜索出具有最小安全系数的临界滑面。由于 F_{s1} 不再是一个常数，所以通常情况下基于有限元所算得的 F_{s2} 及其临界滑面都不同于基于极限平衡法所算得的 F_{s1} 及其临界滑面。此定义有两个明显的好处[30,36]：其一是仅需对边坡进行一次非线性求解，其二则是能够考虑应力路径对安全系数的影响。

将式 (2-17) 两边同除以 F_{s2}，则变为

$$1 = \frac{\int_0^l (c^0/F_{s2} + \sigma \tan \phi^0/F_{s2})\mathrm{d}l}{\int_0^l \tau \mathrm{d}l} \tag{2-18}$$

式 (2-18) 中左边为 1，表明当 c^0 和 $\tan \phi^0$ 强度折减 F_{s2} 后，边坡整体达到极限平衡状态。假设剪应力 τ 沿 l 的符号不发生改变，则由积分第一中值定理可知，在 l 上存在一点 ξ，使得

$$F_{s2} = F_{s1}^\xi \int_l \mathrm{d}l = F_{s1}^\xi \tag{2-19}$$

即 F_{s2} 为 F_{s1} 在 l 上某一点的值。但是如果剪应力的方向沿滑面 l 发生改变，并不能确保式 (2-19) 总是成立，此时 F_{s2} 的意义就更加模糊。

2.3.3 超载储备安全系数 F_{s3}

超载储备安全系数是将荷载 (主要是自重) 增大 F_{s3} 倍后, 坡体达到极限平衡状态, 按此定义[16]

$$1 = \frac{\int_l (c^0 + F_{s3}\sigma\tan\phi^0)\mathrm{d}l}{F_{s3}\int_l \tau\mathrm{d}l} = \frac{\int_l (c^0/F_{s3} + \sigma\tan\phi^0)\mathrm{d}l}{\int_l \tau\mathrm{d}l} = \frac{\int_l (c^{\mathrm{cr}} + \sigma\tan\phi^0)\mathrm{d}l}{\int_l \tau\mathrm{d}l} \tag{2-20}$$

联立式 (2-18)、式 (2-20) 可得

$$\frac{\int_0^l (c^0 + \sigma\tan\phi^0)\mathrm{d}l}{F_{s2}\int_0^l \tau\mathrm{d}l} = \frac{\int_0^l (c^0/F_{s3} + \sigma\tan\phi^0)\mathrm{d}l}{\int_0^l \tau\mathrm{d}l} \tag{2-21}$$

从而可建立 F_{s2} 和 F_{s3} 之间的关系

$$F_{s2} = \frac{F_{s3}\int_0^l (c^0 + \sigma\tan\phi^0)\mathrm{d}l}{\int_0^l (c^0 + F_{s3}\sigma\tan\phi^0)\mathrm{d}l} \tag{2-22}$$

可见, 两种安全系数值显然是不同的, 由于实际计算过程中有些近似处理, 因而式 (2-22) 是近似相等的。从式 (2-20) 还可以看出, 超载储备安全系数相当于折减黏结力 c 值的强度储备安全系数, 对无黏性土 ($c = 0$) 采用超载储备安全系数, 并不能提高边坡稳定性[16]。

2.3.4 下滑力超载储备安全系数 F_{s4}

增大下滑力的超载法是将滑裂面上的下滑力增大 F_{s4} 倍使边坡达到极限状态, 也就是增大荷载引起的下滑力项, 而不改变荷载引起的抗滑力项, 按此定义

$$1 = \frac{\int_0^l (c^0 + \sigma\tan\phi^0)\mathrm{d}l}{F_{s4}\int_0^l \tau\mathrm{d}l} \tag{2-23}$$

可见, 式 (2-23) 与式 (2-17) 得到的安全系数在数值上相同, 但含义不同。这种定义在国内采用传递系数法显式解求安全系数时应用, 但由于传递系数法显式解还做了一些假定, 其安全系数计算结果与一般条分法并不完全一致, 一般情况下其计算结果偏大。式 (2-23) 表明, 极限平衡状态时, 下滑力增大 F_{s4} 倍, 一般情况下也就是土体质量增大 F_{s4} 倍。而实际上质量增大不仅使下滑力增大, 也会使摩擦力增大, 因此下滑力超载安全系数不符合工程实际, 不宜采用。

2.4　强度折减法的基本原理

强度折减法将安全系数定义为使边坡刚好达到临界破坏状态时，对强度参数进行折减的程度。若边坡采用 Mohr-Coulomb 准则描述，影响其稳定性的强度参数是黏结力 c 和内摩擦角 ϕ，将坡体原始黏结力 c^0 和内摩擦角 ϕ^0 同时除以一折减系数 K，然后进行数值分析。通过不断增大 K，反复分析直至边坡达到临界破坏状态。假设此时黏结力和内摩擦角为 c^{cr} 和 ϕ^{cr}，由于边坡处于临界状态，所对应的安全系数 $K^{\mathrm{cr}} = 1$，可得原始边坡对应的安全系数为

$$F = \frac{K}{K^{\mathrm{cr}}} = K = \frac{c^0}{c^{\mathrm{cr}}} = \frac{\tan\phi^0}{\tan\phi^{\mathrm{cr}}} \tag{2-24}$$

由强度折减法的基本原理可见，其对安全系数的定义类似 F_{s1} 的定义方式，但也存在不同：强度折减法是对整个边坡岩土体的折减，而 Bishop 法只是对滑动面上的岩土参数进行折减。强度折减法认为边坡达到临界失稳状态时，对应的折减系数为安全系数，对应的临界滑动面为边坡的真实滑动面，其无须事先假定滑动面位置；Bishop 法需事先假定滑动面，通过不断搜索，找到最小安全系数对应的滑动面，从而得到边坡的安全系数和真实滑动面。从这一点看，强度折减法优于 Bishop法。但两者计算得到的滑动面和安全系数应是相同的，这是因为 Bishop 法计算得到的最危险滑动面为边坡原始状态的潜在滑面，此面是所有滑面中抗滑能力最小的；而当整个边坡的参数同时折减的时候，潜在滑面的抗滑能力在整个边坡中仍是最小的。因此，两种方法得到的滑动面是相同的，另外可通过以下推导加以说明，对式 (2-14) 进行变换可以得到

$$\begin{aligned}
\alpha &= \frac{1}{2}\arccos\left[\frac{(\sigma_1 - \sigma_3)\tan(\phi^0/K_{\mathrm{s}})}{2c^0/K_{\mathrm{s}} + (\sigma_1 + \sigma_3)\tan(\phi^0/K_{\mathrm{s}})}\right] \\
&= \frac{1}{2}\arccos\left[\frac{(\sigma_1 - \sigma_3)\tan\phi^{\mathrm{cr}}}{2c^{\mathrm{cr}} + (\sigma_1 + \sigma_3)\tan\phi^{\mathrm{cr}}}\right]
\end{aligned} \tag{2-25}$$

式中，K_{s} 为抗剪强度参数的折减系数。从中可以看出，对强度参数的折减并不会引起单元潜在滑动面的变化，也不引起边坡潜在滑动面的变化，即边坡临界状态的滑动面与原始状态的潜在滑动面相同。强度折减法和 Bishop 法所得到的滑动面相同，当外力不变的情况下，两种方法均采用 F_{s1} 来计算安全系数，因此得到的结果也相同。

2.5　稳定性的抗剪强度参数影响效应

通过快速拉格朗日元法 (FLAC^{3D}) 建立边坡数值模型，利用强度折减法计算安全系数，探讨边坡在不同坡角下，c 和 ϕ 对稳定性的影响程度，以揭示不同抗剪

强度参数对边坡稳定性的影响机理。

2.5.1 计算模型

参考张鲁渝等[14] 的论文, 选取均质边坡作为分析对象, 坡高 20m, 坡角 45°。按照平面应变建立计算模型, FLAC^{3D} 计算边坡安全系数时, 网格大小对结果有一定影响。通过多次试算, 并权衡计算时间和计算精度 (误差小于 3%), 建立模型共816 个单元, 1176 个节点。整个模型分三个部分建立, 第 I 部分水平、竖直方向网格为 12×8; 第 II 部分水平、竖直方向网格为 40×8; 第 III 部分水平、竖直方向网格为 40×10。由于模型尺寸对结果有一定影响, 取坡脚到左侧边界距离为 30m, 坡顶到右侧边界距离为 55m, 坡脚向下边界延伸 1 个坡高距离 20m, 具体模型尺寸如图 2-3 所示。岩土体参数为: 容重 γ 为 25kN/m^3, 弹性模量 E 为 10MPa, 泊松比 μ 为 0.3, 黏结力 c 为 42kPa, 内摩擦角 ϕ 为 17°, 抗拉强度 σ_t 为 10kPa。边界条件为下部固定, 左右两侧水平约束, 上部为自由边界; 采用 Mohr-Coulomb 非关联流动准则, 初始应力场按自重应力场考虑; 计算收敛准则为不平衡力比例 (节点平均内力与最大不平衡力的比值) 满足 10^{-5} 的求解要求, 计算时步上限为 30000 步; 采用强度折减法单一折减系数法计算整体安全系数; 当边坡达到破坏状态时, 滑动体上的位移将发生突变, 产生很大的且无限制的塑性流动, 程序无法找到一个既能满足静力平衡, 又能满足应力-应变关系和强度准则的解, 此时, 不管是从力的收敛标准, 还是从位移的收敛标准来判断, 计算都不收敛。因此, 本书以静力平衡方程组是否有解、计算是否收敛作为边坡失稳的判据 (具体判据讨论见第 3 章)。

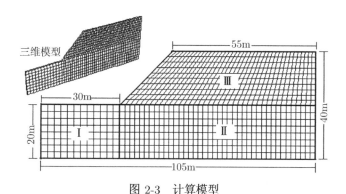

图 2-3 计算模型

2.5.2 计算方案设计

以图 2-3 模型为标准, 对于不同坡角 (25° ~75°), 分别改变 c、ϕ, 得到改变后的黏结力和内摩擦角分别为

$$c_n = K_c c_0 \tag{2-26}$$

$$\tan \phi_n = K_\phi \tan \phi_0 \qquad (2\text{-}27)$$

其中，K_c 为黏结力变化系数；K_ϕ 为内摩擦角变化系数。K_c, K_ϕ 的变化范围为 $0.1 \sim$ 6.4，变化梯度为 2.0。

2.5.3 不同坡角下 c 的影响

图 2-4 为 K_c 与 F(边坡整体安全系数) 的关系，从图中可知，随着 K_c 的增大，F 也逐渐增大。其中，每条曲线代表一个边坡角对应的 K_c–F 关系，随着边坡角 β 的增大，F 逐渐减小。并且所有曲线组成的曲线簇具有发散的特点，随着 K_c 的增大，各个曲线间相同 K_c 对应的 F 的差别逐渐增大，即在坡角降低的梯度相同 ($10°$) 的情况下，坡角越小，F 增加的梯度越大，具体数值见表 2-1。其中，$\Delta F_1 = F_{25} - F_{35}$；$\Delta F_2 = F_{35} - F_{45}$，以此类推。

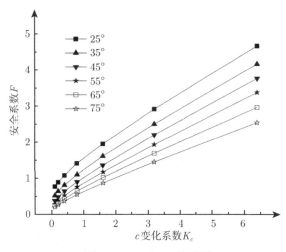

图 2-4 K_c 与 F 的关系

表 2-1 K_c 与 ΔF 的关系

K_c	ΔF_1	ΔF_2	ΔF_3	ΔF_4	ΔF_5
0.1	0.25	0.14	0.10	0.05	0.04
0.2	0.25	0.16	0.11	0.07	0.04
0.4	0.27	0.17	0.12	0.09	0.06
0.8	0.31	0.20	0.14	0.11	0.10
1.6	0.34	0.25	0.19	0.15	0.15
3.2	0.41	0.30	0.27	0.24	0.24
6.4	0.50	0.40	0.39	0.41	0.42

2.5.4 不同坡角下 ϕ 的影响

图 2-5 为 K_ϕ 与 F(边坡整体安全系数) 的关系，从图中可知，随着 K_ϕ 的增大，F 也逐渐增大。其中，每条曲线代表一个边坡角对应的 K_ϕ–F 关系，随着边坡角 β 的增大，F 逐渐减小。并且所有曲线组成的曲线簇具有发散的特点，随着 K_ϕ 的增大，各个曲线间相同 K_ϕ 对应的 ΔF 逐渐增大，即在坡角降低的梯度相同 (10°) 的情况下，坡角越小，F 增加的梯度越大，具体数值见表 2-2。与图 2-4 相比，图 2-5 有相同的变化趋势，但各个曲线间的差别更大。

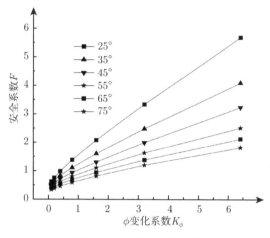

图 2-5 K_ϕ 与 F 的关系

表 2-2 K_ϕ 与 ΔF 的关系

K_ϕ	ΔF_1	ΔF_2	ΔF_3	ΔF_4	ΔF_5
0.1	0.06	0.05	0.05	0.06	0.06
0.2	0.09	0.07	0.07	0.08	0.06
0.4	0.15	0.11	0.10	0.08	0.08
0.8	0.27	0.18	0.13	0.11	0.10
1.6	0.48	0.30	0.20	0.16	0.13
3.2	0.85	0.49	0.36	0.25	0.18
6.4	1.6	0.85	0.72	0.39	0.30

2.5.5 不同坡角下 c 和 ϕ 的影响对比

对于 25° ∼ 75° 坡角的情况，分别改变模型中的 c 和 ϕ 值，得到相应的安全系数与变化系数的关系如图 2-6 所示。从图中可见，c 和 ϕ 曲线均相交于横坐标 $K = K_c = K_\phi{=}1$，这是因为此时原始强度参数未发生变化，通过强度折减法计算得到的安全系数相等。当 $\beta = 25°$ 时，ϕ 曲线的斜率大于 c 曲线的斜率，说明此时内摩擦角发挥的作用大于黏结力发挥的作用。当 $\beta = 35°$ 时，对于 $K = K_c = K_\phi$

较小的情况，两条曲线基本重合；当 $K = K_c = K_\phi$ 取到一较大值时，两条曲线存在一定差别。可见，坡角为 35° 左右时，c 和 ϕ 对稳定性的影响程度相同。当 $\beta = 45° \sim 75°$ 时，c 曲线的斜率大于 ϕ 曲线的斜率，并且 β 值越大，两条曲线斜率的差别越大，说明随着坡角的增大，c 对稳定性的影响程度大于 ϕ 对稳定性的影响程度。

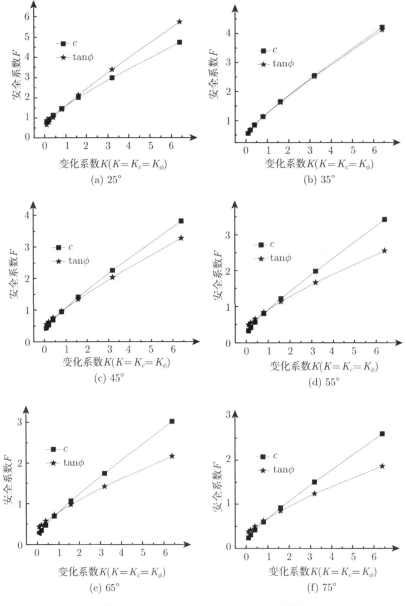

图 2-6　$K(K = K_c = K_\phi)$ 与 F 的关系

另外，计算分析得到的结论从 Mohr-Coulomb 准则也可以得到很好的解释[21]：坡高相同的情况下，坡角越大的边坡，其潜在滑动面越陡，此时滑动面上的法向力越小，摩擦力分量 $\sigma \tan \phi$ 也就越小，此时黏结力对稳定性的影响就大于内摩擦角；反之，若坡角越小，滑面越平缓，滑面上的法向力就越大，摩擦力分量 $\sigma \tan \phi$ 也就越大，此时内摩擦角对稳定性的影响就大于黏结力。

2.5.6 边坡等效影响角 θ_e

记录不同变化系数下，安全系数 F 与坡角的关系，如图 2-7 所示。从图中可见，随着坡角的增大，模型的安全系数逐渐减小。并且在相同的变化系数下，c 曲线和 ϕ 曲线均存在一个交点，如图中的矩形框 I。将矩形框 I 放大后，得到曲线交点对应的坡角值分别为 $33.4°$，$34.4°$，$34.2°$，$35.0°$，$33.6°$，$34.3°$，$34.2°$，其平均值为 $34.1°$。可见，影响程度相同的坡角值变化不大，从而可以推得在误差允许范围内，对于任意的变化系数，当 $\beta = 34.1°$ 左右时，c 和 ϕ 对稳定性的影响程度相同，本书定义此角度为等效影响角 θ_e。

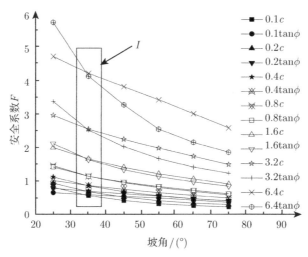

图 2-7 不同变化系数下 F 与坡角的关系

进一步探讨等效影响角 θ_e 是否适用于其他边坡，是否具有普遍性。根据 Mohr-Coulomb 准则可知，影响边坡稳定性的强度参数为 c 和 ϕ，因此不同的边坡，可采用不同的初始 c 和 ϕ 来表征。假设原始模型为模型 1，其他模型为模型 2，模型 2 的 c 值为模型 1 的 n 倍，则模型 2 变化系数等于 K_{2c} 的曲线与模型 1 变化系数等于 K_{1c} 的曲线相同，并且 $K_{2c} = K_{1c}/n$，从而可见，模型 2 中所有的曲线均可转化为模型 1 中的曲线，而等效影响角 θ_e 对模型 1 中所有曲线均适合，因此同样适用于模型 2。以此类推，等效影响角 θ_e 也适用于不同 ϕ 对应的边坡。本章得到的等

效影响角 θ_e 适用于不同均质边坡，具有普遍性。

进一步讨论不同容重情况下的等效影响角，对容重不同的边坡，均存在一等效影响角，改变容重为 $18\sim27$ kN/m³，可得到不同容重情况下 F 与坡角的关系，如图 2-8 所示，进一步得到不同容重下对应的等效影响角，如图 2-9 所示。从中可以看出，随着边坡岩土材料容重的增大，边坡的等效影响角 θ_e 也不断增大，并且二者的关系可采用线性方程 $y = ax^b$ 进行拟合，其中 y 为等效影响角，x 为边坡容重，系数 $a = 2.99$，得到的相关系数接近于 1，说明二者呈现高度的线性相关性。

同样可通过计算得到，不同坡高情况下边坡安全系数与坡角的关系 (图 2-10)，从而进一步确定边坡高度与等效影响角的关系 (图 2-11)。可见，随着边坡高度的增大，边坡等效影响角 θ_e 也不断增大，并且二者的关系可采用线性方程 $y = ax^b$ 进行拟合，其中 y 为等效影响角，x 为坡高，系数 $a = 1.79$，$b = 0.92$，得到的相关系数接近于 1，说明二者呈现高度的线性相关性。

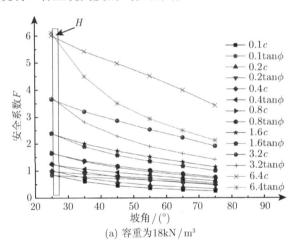

(a) 容重为18kN/m³

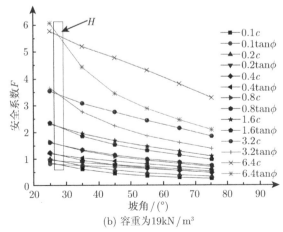

(b) 容重为19kN/m³

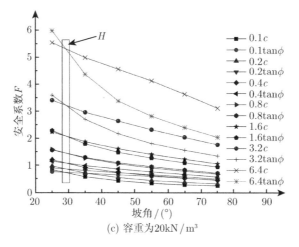

(c) 容重为20kN/m³

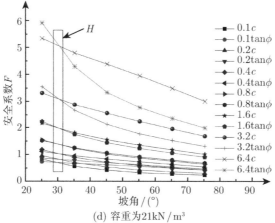

(d) 容重为21kN/m³

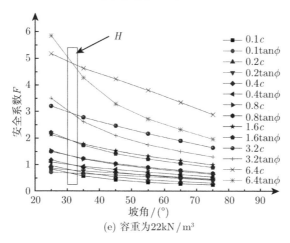

(e) 容重为22kN/m³

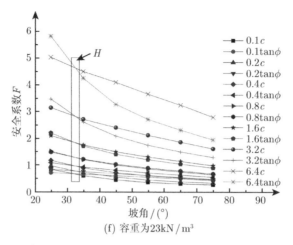

(f) 容重为23kN/m³

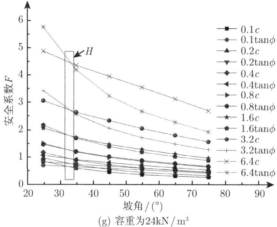

(g) 容重为24kN/m³

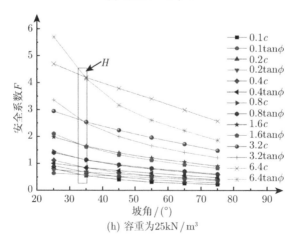

(h) 容重为25kN/m³

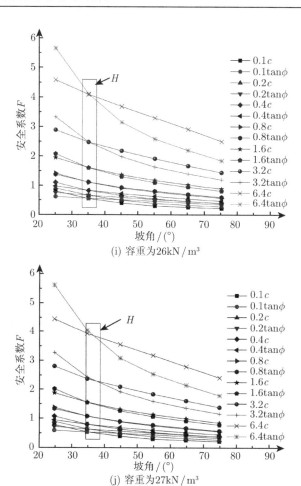

(i) 容重为26kN/m³

(j) 容重为27kN/m³

图 2-8 不同容重情况下 F 与坡角的关系

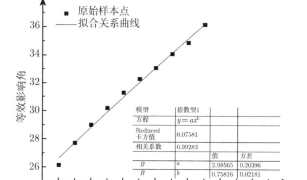

图 2-9 边坡容重与等效影响角关系拟合图

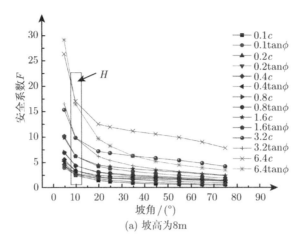

(a) 坡高为8m

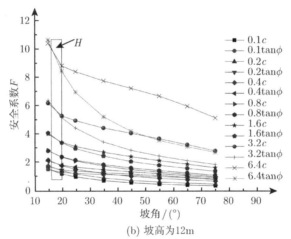

(b) 坡高为12m

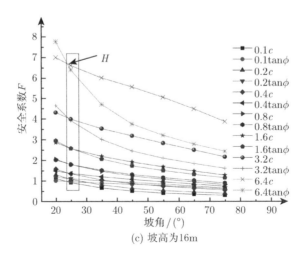

(c) 坡高为16m

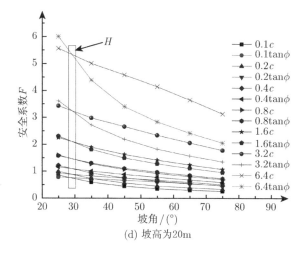

(d) 坡高为20m

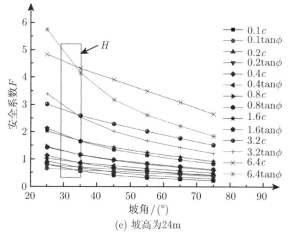

(e) 坡高为24m

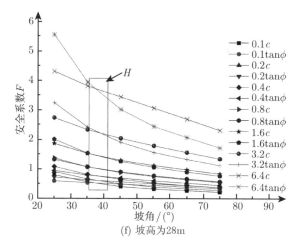

(f) 坡高为28m

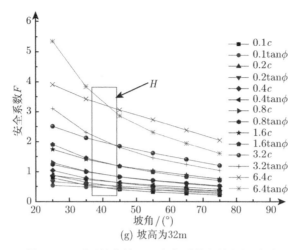

(g) 坡高为32m

图 2-10　不同坡高情况下安全系数与坡角的关系

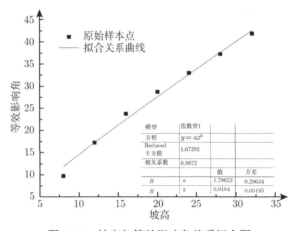

模型	指数型1		
方程	$y = ax^b$		
Reduced 卡方值	1.67292		
相关系数	0.9872		
		值	方差
B	a	1.78652	0.29634
B	b	0.9184	0.05185

图 2-11　坡高与等效影响角关系拟合图

第 3 章 边坡临界失稳状态的判定标准

3.1 引 言

边坡稳定分析的强度折减法利用不断降低岩土体强度, 使边坡达到极限破坏状态, 从而直接求出滑动面位置与边坡强度储备安全系数, 使数值方法进入实用阶段。强度折减法分析边坡稳定性的一个关键问题是如何根据计算结果来判别边坡是否达到临界失稳状态。目前存在三种判据:

(1) 塑性区贯通判据。例如, 连镇营等[10] 基于强度折减弹塑性有限元分析结果, 绘制边坡内广义剪应变分布, 并认为若某一幅值广义剪应变的区域在边坡中相互贯通, 则意味边坡已经失稳破坏。而栾茂田等[37] 认为实际中无论在广义剪应变还是在位移中, 不仅含有塑性分量, 而且包括弹性分量, 因此根据这些物理量的大小判断塑性区及剪切破坏区的形成和发展是不够合理和准确的, 并提出以广义塑性应变及塑性开展区作为边坡失稳的评判依据。

(2) 计算不收敛判据。赵尚毅等[38] 等通过算例分析认为, 当边坡失稳时, 塑性应变和位移变化产生突变, 突变前数值计算是收敛和稳定的, 突变后数值计算无法收敛, 因此建议采用有限元数值计算的收敛性作为评判边坡失稳破坏的依据。

(3) 位移突变判据。根据坡体内某些监测点的位移突变特征[39,40], 该判据通过监测坡体内某些点, 发现监测点的位移随折减系数的增大而突变, 以此作为失稳判据能够反映边坡变形过程。例如, 迟世春和关立军[41] 以坡顶的水平位移突变作为失稳的判别标准, 认为位移突变后, 边坡达到破坏状态。宋二祥等[42] 利用坡顶位移与折减系数关系曲线的水平段作为失稳判据, 从而确定整体的安全系数。刘金龙等[40] 认为以有限元数值计算的收敛性作为失稳判据在某些情况下所得到的安全系数可能误差较大, 而采用特征部位位移的突变性或塑性区的贯通性作为失稳判据, 所得到的边坡安全系数与 Spencer 法的计算结果比较接近, 考虑到实用性与简便性, 建议在边坡稳定性分析的强度折减有限元方法中联合采用特征部位位移的突变性和塑性区的贯通性作为边坡的失稳判据。

目前已有一些研究对三种判据进行对比分析, 但三种判据得到的安全系数是否一致, 哪种判据的精度最高、实施过程最为简便合理仍不明确。基于以上考虑, 本书对同一算例建立三种失稳判据, 通过快速拉格朗日元法 (FLAC³ᴰ) 进行边坡稳定分析, 将得到的安全系数进行比较, 讨论各种判据的合理性及实用性。由于弹

性参数 μ 对计算结果存在一定影响，在判据实施之前，本书首先推导了泊松比和内摩擦角之间的关系，并阐述了弹性参数的折减方法。

3.2　计算方法与模型

3.2.1　弹性参数的折减方法

在计算过程中，弹性参数对结果存在一定影响，郑宏等[11] 推导内摩擦角 ϕ 和泊松比 μ 之间的关系，以探讨弹性参数的折减方法。当岩土体满足 Mohr-Coulomb 强度准则时，假设在半无限空间内只受重力作用，水平地面以下深度为 h 处的单元应力分布如图 3-1 所示。

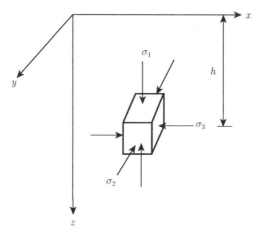

图 3-1　单元应力分布

按照岩石力学规定

$$\sigma_1 = \gamma h; \quad \sigma_2 = \sigma_3 = \lambda \gamma h \tag{3-1}$$

式中，h 为单元距地面的深度；γ 为容量；λ 为侧压力系数，$\lambda = \dfrac{\mu}{1-\mu}$。

将式 (3-1) 代入 Mohr-Coulomb 准则，得

$$\sin\phi(\gamma h + \lambda \gamma h) \geqslant \gamma h - \lambda \gamma h - 2c\cos\phi \tag{3-2}$$

$$\gamma h[1 - \sin\phi - \lambda(1 + \sin\phi)] \leqslant 2c\cos\phi \tag{3-3}$$

由式 (3-2) 容易得到

$$\sin\phi \geqslant \frac{1 - \lambda - \dfrac{2c\cos\phi}{\gamma h}}{1 + \lambda} \tag{3-4}$$

当 $h \to \infty$ 时 $\sin\phi \geqslant 1 - 2\mu$。

对于式 (3-3)，需分两种情况进行讨论：

(1) 当 $[1 - \sin\phi - \lambda(1 + \sin\phi)] > 0$，即 $\sin\phi < \dfrac{1 - \lambda}{1 + \lambda}$ 时

$$h \leqslant \frac{2c\cos\phi}{\gamma[1 - \sin\phi - \lambda(1 + \sin\phi)]} \tag{3-5}$$

可见，在 h 深度以下的岩石都将处于塑性状态；特别地，若 $c = 0$，则整个半无限空间都处于塑性状态，有违实际情况。

(2) 当 $[1 - \sin\phi - \lambda(1 + \sin\phi)] \leqslant 0$，即 $\sin\phi \geqslant \dfrac{1 - \lambda}{1 + \lambda}$ 时

$$h \geqslant \frac{2c\cos\phi}{\gamma[1 - \sin\phi - \lambda(1 + \sin\phi)]} \tag{3-6}$$

岩土材料只受重力作用时，地面以下的部分不产生破坏。从而得到

$$\sin\phi \geqslant \frac{1 - \lambda}{1 + \lambda} = 1 - 2\mu \tag{3-7}$$

联立式 (3-4)，式 (3-7) 得

$$\left\{ \sin\phi \geqslant \frac{1 - \lambda - \dfrac{2c\cos\phi}{\gamma h}}{1 + \lambda} \right\} \cap \left\{ \sin\phi \geqslant \frac{1 - \lambda}{1 + \lambda} \right\} = \left\{ \sin\phi \geqslant 1 - 2\mu \right\} \tag{3-8}$$

基于以上分析，在对边坡实施强度折减法时，如果仅对强度参数进行折减，塑性区域一般先出现在坡体的深处而不是边界附近；当强度参数降低到一定程度时，由于深部的塑性区域已经贯通整个模型，导致计算结果不收敛，计算结果失败，而潜在滑移通道上的塑性区却可能未贯通，导致计算出的安全系数偏小。

对强度参数折减的同时，为了保持式 (3-8) 成立，可假定如下关系式成立：

$$\sin\phi_i = \beta(1 - 2\mu_i) \tag{3-9}$$

式中，ϕ_i，μ_i 为 K_i 折减时步对应的材料参数；$\beta = \dfrac{\sin\phi_0}{1 - 2\mu_0}$；$\mu_0$ 为材料原始泊松比。

对 μ 进行如下调整

$$\mu_i = \frac{1}{2}\left(1 - \frac{\sin\phi_i}{\beta}\right) \tag{3-10}$$

式中，ϕ_i，μ_i 为 K_i 折减时步对应的材料参数；$\beta = \dfrac{\sin\phi_0}{1 - 2\mu_0}$；$\mu_0$ 为材料原始泊松比。

3.2.2 计算模型

为便于讨论, 选用图 2-3 的模型 (坡角为 45°) 进行分析, 探讨三种数值失稳判据下边坡的塑性区响应, 不平衡力响应和位移响应。采用 Mohr-Coulomb 准则, 应力场按自重应力考虑; 计算收敛准则为不平衡力比例 r_a(节点平均内力与最大不平衡力的比值) 满足 10^{-5} 的求解要求。另外, 由于本章主要对比讨论各种判据的实施情况, 因此未对模型的网格大小进行严格界定, 这并不会引起本章所得结论的差别, 因为三种判据是对同一模型的计算结果实施的。

3.3 塑性区贯通判据

边坡失稳破坏可以看成是塑性区逐渐发展、扩大直至贯通而进入完全塑流状态、无法继续承受荷载的过程。此判据认为随着折减系数的增大, 坡体内部分区域将产生不同程度的塑性变形, 若发生塑性变形的区域相互贯通, 则表明边坡发生整体失稳。通过数值计算, 得到塑性区贯通情况与折减系数的关系 (图 3-2), 其中折减系数 K 增加的梯度为 0.005。从图中可以看出, 随着 K 的增大, 剪切塑性区从坡脚往坡体上缘延伸, 拉伸塑性区的面积逐渐增大; 当 $K < 1.075$ 时边坡塑性区尚未贯通, 当 $K \geqslant 1.075$ 时边坡内的塑性区全部贯通并迅速扩展; 当 K 为 $1.075 \sim 1.095$ 时, 塑性区贯通, r_a 仍能满足 10^{-5} 的 FLAC^{3D} 默认求解要求, 只是计算的迭代次数逐渐增大; 当 $K < 1.095$ 时, 系统不平衡力逐渐减小, 最终均趋近于 0; 当 $K=1.095$ 时, 最终系统不平衡力略微增大, 但仍能满足边坡的求解要求, 并且存在继续减小的趋势; 直到 $K=1.100$ 时, 系统不平衡力明显增大, 并且不断振荡, 边坡求解无法达到计算精度, 表征系统失效, 具体如图 3-3 所示。

按照以上折减梯度, 本模型塑性区判据得到的安全系数为 $F_{塑性区贯通}=1.075$。从该判据的实施过程中可以看出, 其能够直观反映边坡的破坏过程, 但是它的两个缺点限制了其进一步的推广: ① 在判断塑性区是否贯通时需人为进行观察, 自动化程度不高; ② 若要进一步提高判据的计算精度则需调整 K 增加的梯度值。

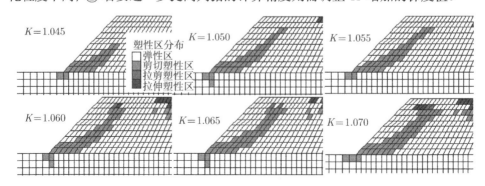

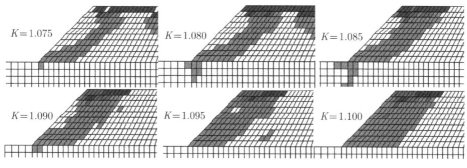

图 3-2 塑性区分布

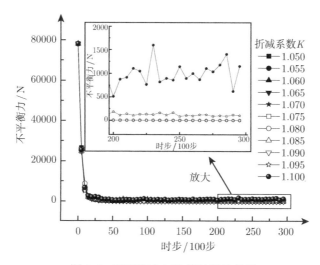

图 3-3 不平衡力与计算时步的关系

3.4 计算不收敛判据

边坡失稳，滑体滑出，滑体由稳定静止状态变为运动状态，同时产生很大的且无限发展的位移，这就是边坡破坏的特征。数值方法通过强度折减使边坡达到极限破坏状态，滑动面上的位移和塑性应变将产生突变，且此位移和塑性应变的大小不再是一个定值，程序无法从数值方程组中找到一个既能满足静力平衡又能满足应力-应变关系和强度准则的解，此时，不管是从力的收敛标准，还是从位移的收敛标准来判断数值计算都不收敛。此判据认为，在边坡破坏之前计算收敛，破坏之后计算不收敛，表征滑面上岩土体无限流动，因此可把静力平衡方程组是否有解，数值计算是否收敛作为边坡破坏的依据。判据实施过程中，对给定的抗剪强度

参数 c 和 $\tan\phi$ 按照二分法进行折减，以 $r_a < 10^{-5}$ 表征收敛状态，直到折减系数满足精度要求，具体求解流程如图 3-4 所示。在确定 K_1, K_2 时，先设 $K = 1$：① 若计算收敛，$K_1=1$, $K_2 = K_c$，K_c 为试算得到的某一较大值；② 若计算不收敛，$K_1=0$, $K_2=1$。

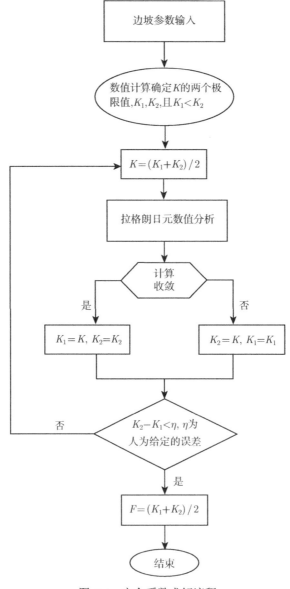

图 3-4　安全系数求解流程

二分法计算安全系数过程中，各折减时步所保存的 K 值见表 3-1。计算得到的安全系数为 $F_{二分法} = (K_1 + K_2)/2 = 1.0986$。从判据的实施过程可以看出，若折减系数的上下限取值不同，将导致最终结果的不同，但若系统给定的误差精度 η 足够小，同样能得到十分接近的结果。

表 3-1　各折减时步对应的折减系数

折减时步	1	2	3	4	5	6
K	1.0000	2.0000	1.5000	1.2500	1.1250	1.0625
折减时步	7	8	9	10	11	12
K	1.0938	1.1094	1.1016	1.0977	1.0996	1.0986

3.5　位移突变判据

由理想弹塑性材料构成的边坡进入极限状态时，必然是其中一部分岩土材料相对于另一部分发生无限制的滑移。随折减系数的增大，滑坡内的岩土体有明显的位移增量，而稳定区的位移增量几乎为零[9]。这就清楚地显示了体系的一部分相对于另一部分的滑移。通过在坡体内布置若干监测点，可发现这些点的位移随折减系数的增大而存在突变现象，以此作为失稳判据可反映边坡的变形过程。虽然以坡体内某监测点位移与折减系数曲线的突变特征作为失稳判据具有明确的物理意义，但是究竟选择哪个监测点以及哪种位移方式 (水平位移、竖直位移、总位移)，目前仍没有统一的认识，同时如何从曲线上给出安全系数也没有明确的方法。本书在前人的基础上，分析均质土坡和节理岩质边坡中各个监测点位置及位移方式选取的合理性，并根据曲线特征建立拟合方程，以得到安全系数。

3.5.1　均质土坡监测点和位移方式

通过对比不同监测点在不同位移方式下的曲线，并由方程拟合得到它们所反映的安全系数的差别，定量分析监测点位置和位移方式选取的合理性。

1. 监测点的位置

由数值计算，当边坡破坏时出现一条滑移线 (图 3-5)，本书称为临界滑移线。在滑移线内外布置若干点，具体位置如图 3-5 所示：坡面上、中、下处分别布置 3 个监测点，以这 3 监测点为基准沿水平方向每隔 10m 另布置 6 个监测点，整个坡体监测点数目为 9 个。

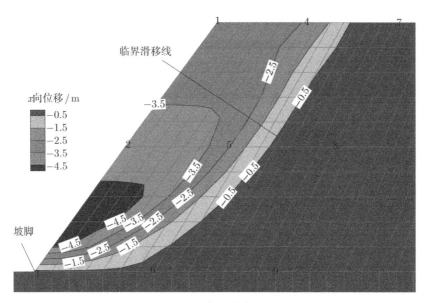

图 3-5   监测点布置

通过 FLAC³D 自带的 FISH 语言, 开发数据记录工具。记录不同监测点的水平位移与折减系数的关系如图 3-6 所示。从图中可见, 只有点 1, 2, 4, 5 的位移曲线存在突变特征, 所以定性认为这几个点作为监测点是有效的。对照图 3-5 中的位置可见, 这些点均位于临界滑移线以内, 且同水平位置离坡面越近的点, 曲线的斜率越大。一些文献中选取坡脚作为监测点, 这不具有普遍性; 例如, 本算例中临界滑移线不通过坡脚 (图 3-5), 坡脚的位移曲线也不存在突变特性, 从而无法表征边坡的破坏与否, 因此在滑移线位置未确定的情况下, 选择坡脚作为监测点是不合适的。

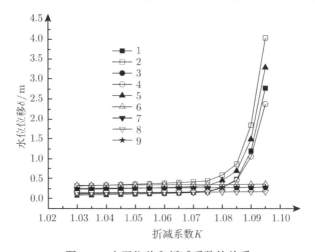

图 3-6   水平位移和折减系数的关系

2. 拟合方程的建立

为反映位移突变特征与边坡稳定形态的定量关系,需对位移曲线进行拟合,且所建立的拟合方程需满足:① 能够反映位移和折减系数的关系,并得到边坡的安全系数;② 在折减过程中位移发生突变后,边坡局部出现破坏,破坏区域迅速发展,位移不断增大,坡体发生持续滑动。

本书根据曲线的突变特征,假设位移与折减系数的关系满足双曲线方程,采用的拟合方法为最小二乘法。选择双曲线方程的形式如下:

$$\delta = \frac{b + cK}{1 + aK} \tag{3-11}$$

式中, a, b, c 分别为待定系数; δ 为位移值; K 为折减系数。

当 $b + cK \neq 0$ 且 $1 + aK = 0$ 时, $\delta \to \infty$,边坡发生破坏,从而确定

$$K = -\frac{1}{a} \tag{3-12}$$

从拟合方程满足的条件可知,此时的折减系数即为边坡整体的安全系数 F,且对于不同位移方式下的监测点曲线可得到不同的安全系数。

拟合的相关系数为

$$R = \left| \frac{\sum\limits_{i=1}^{n} (K_i - \bar{K})(\delta_i - \bar{\delta})}{\sqrt{\sum\limits_{i=1}^{n} (K_i^2 - n\bar{K}^2)} \cdot \sqrt{\sum\limits_{i=1}^{n} (\delta_i^2 - n\bar{\delta}^2)}} \right| \tag{3-13}$$

式中, n 为折减时步; K_i, δ_i 分别为第 i 折减时步对应的 K 和 δ; $\bar{K}$, $\bar{\delta}$ 分别为 K, δ 的平均值。

计算结果见表 3-2: R^2 接近 1。可见上述确定的方程对数据拟合的效果较好,水平位移方式下斜率越大的曲线得到的安全系数越小,所得安全系数的相对差值为 $(F_{\max} - F_{\min})/F_{\min} \times 100\% = 0.010\%$,变化幅度十分微小,因此在实际使用中可认为是相等的,从而定量说明了点 1、2、4、5 均可作为监测点。考虑到坡顶的位置较易确定,且必在滑移线之内,本书建议对于一般边坡选坡顶作为监测点。

表 3-2 不同监测点在水平位移方式下 δ-K 曲线拟合结果

点号	a	b	c	相关系数 R^2	安全系数 F
1	-0.91063	-0.10062	0.09918	0.98729	1.09814
2	-0.91066	0.07485	-0.05787	0.98843	1.09810
4	-0.91057	-0.04401	0.04658	0.98777	1.09821
5	-0.91062	0.02062	-1.01015	0.98839	1.09815

3. 监测点的位移方式

从几何关系 $\delta_\text{总} = \sqrt{\delta_\text{水平}^2 + \delta_\text{竖直}^2}$，可见 $\delta_\text{总}$ 与 $\delta_\text{水平}$ 和 $\delta_\text{竖直}$ 存在非线性关系，无法由 $\delta_\text{水平}$ 和 $\delta_\text{竖直}$ 曲线简单地得到 $\delta_\text{总}$ 的规律，因此需对比水平位移、竖直位移和总位移曲线的异同。通过以上论述可知坡顶作为监测点的合理性，将坡顶的三种位移曲线进行对比，得到曲线如图 3-7 所示。

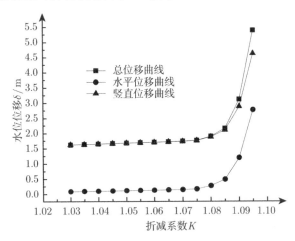

图 3-7　不同位移方式的位移–折减系数关系

图 3-7 中显示，对相同的折减系数，总位移和竖直位移在突变前的数值基本相等，水平位移接近于零；当 K 达到一定值时，三种位移曲线均发生突变，且总位移曲线的斜率最大，即其对 K 值反应最灵敏。运用方程 (3-11) 对位移–折减系数关系进行拟合，结果见表 3-3。计算表明总位移方式得到的安全系数最小，竖直位移得到的安全系数最大，它们的差别十分微小，$(F_\max - F_\min)/F_\min \times 100\% = 0.026\%$，同样可认为三种位移方式所得到的 F 相等，都为 1.10。

表 3-3　点 1 在不同位移方式下 δ-K 曲线拟合结果

位移方式	a	b	c	相关系数 R^2	安全系数 F
总位移	-0.91077	1.39188	-1.25779	0.98959	1.09797
水平位移	-0.91063	-0.10062	0.09918	0.98729	1.09814
竖直位移	-0.91053	1.42654	-1.29021	0.98981	1.09826

3.5.2　节理岩质边坡监测点和位移方式

所分析的岩质边坡中存在一条节理面，对于该节理的模拟，采用低强度弹塑性夹层单元，节理倾角为 $30°$，厚度为 0.1m，节理以外的岩体仍视为均质体。边坡具体尺寸和岩层参数如图 3-8 所示。利用自编的 ANSYS-FLAC[3D] 的接口程序，按照平面应变建立计算模型,本模型共 4048 个单元,1457 个节点。边界条件为下部固定,左右两侧水平约束,上部为自由边界。

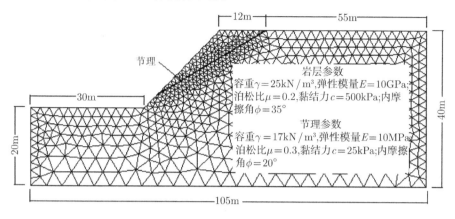

图 3-8　计算模型

对比节理岩质边坡与均质土坡计算模型:①物理力学参数的内容相同,仅在数值上不同;②岩质边坡中存在节理面,其他部分为均质体,而土坡整体为均质体。由两者的相同点可见,土坡的分析结果仍可用于岩质边坡,即滑移线以外的监测点不能反映位移的突变特征,因此这些点不纳入分析范围;由于两者在结构上的差别,并且节理是影响稳定性的主要因素,所以有必要分析节理面上各点位移曲线的情况。布置的监测点如图 3-9 所示:选点 4、5、3 于节理上、中、下缘;选点 1、2于坡面上以便与点 4、5、3 进行对比;其中点 2、5 在同一水平上。位移方式取水平位移、竖直位移、总位移。

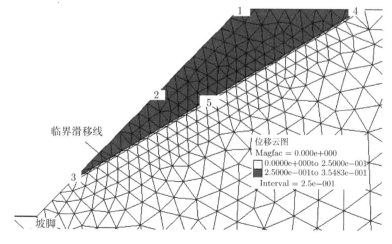

图 3-9　监测点布置

图 3-10~ 图 3-12 为节理岩质边坡中 5 个监测点的三种位移随折减系数的变化情况。从图中可以看出，各点曲线规律基本一致，均随折减系数的增加而增大，只是数值上有一些差异。当 K 小于临界折减系数时，各点曲线表现较为稳定；当 K 大于临界值时，均有迅速增长的态势。对比图 3-10、图 3-11，曲线可分为两个层次，滑体下缘监测点 (点 3) 为一个层次，其他点为另一层次。点 3 的水平位移大于其他监测点；而竖直位移小于其他点。

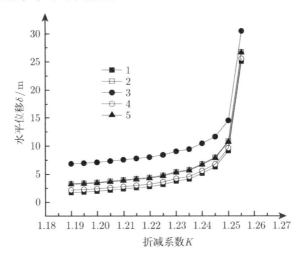

图 3-10   水平位移和折减系数的关系

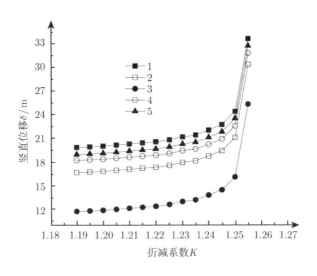

图 3-11   竖直位移和折减系数的关系

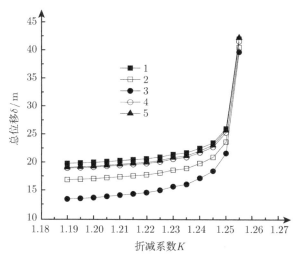

图 3-12   总位移和折减系数的关系

图 3-12 显示在总位移方式下，点 1、4、5 的位移–折减系数曲线基本一致；滑动体下缘在曲线突变前，位移值最小，曲线突变后，各点的位移值基本相等。这是因为位移值由两部分产生：①边坡滑移引起各点的平动；②内部的变形。由于所选的监测点均位于滑动体上，当曲线突变后，坡体持续滑动，此时第一部分 (边坡滑移引起各点的平动) 引起的位移占较大份额，因此各点的总位移大致相等。

运用方程 (3-12) 对 δ-K 曲线拟合，结果见表 3-4。在水平位移、竖直位移和总位移方式下，反映最大安全系数的监测点分别为点 3、1、3；得到的边坡安全系数约为 1.26，最大最小安全系数的差值为 $(F_{max} - F_{min})/F_{min} \times 100\% = 0.059\%$，可见滑移线内及滑移线上的各点均可作为监测点；三种位移均可选作监测的位移方式。

表 3-4   不同监测点在不同位移方式下 δ-K 曲线拟合结果

位移方式	点号	a	b	c	相关系数 R^2	安全系数 F
水平位移	1	−0.79505	1.01542	−0.76498	0.99850	1.25778
	2	−0.79502	2.61645	−2.03695	0.99835	1.25783
	3	−0.79498	6.16602	−4.85743	0.99809	1.25789
	4	−0.79504	1.45213	−1.1119	0.99848	1.25780
	5	−0.79503	2.50464	−1.94833	0.99833	1.25781
竖直位移	1	−0.79494	19.49873	−15.47397	0.99791	1.25796
	2	−0.79500	16.32686	−12.95440	0.99818	1.25785
	3	−0.79501	11.38676	−9.02754	0.99829	1.25785
	4	−0.79503	17.86752	−14.18051	0.99836	1.25781
	5	−0.79495	18.66535	−14.76400	0.99793	1.25794

续表

位移方式	点号	a	b	c	相关系数 R^2	安全系数 F
	1	-0.79540	19.45170	-15.43994	0.99906	1.25722
	2	-0.79533	16.45287	-13.04986	0.99905	1.25734
总位移	3	-0.79500	12.90357	-10.21443	0.99854	1.25786
	4	-0.79538	18.58582	-14.74977	0.99905	1.25726
	5	-0.79533	18.70543	-14.84207	0.99894	1.25734

3.6 讨   论

对比各个判据得到的安全系数，可以看出：

(1) 塑性区贯通判据得到的安全系数明显小于其他两种判据得到的安全系数。这是因为对于一个理想弹塑性单元，当其应力达到屈服状态后，如果周围没有约束，其塑性应变大小就没有限制。但是对边坡整体来说，如果该单元周围的物体还处于弹性阶段或者有其他边界约束条件，它将限制这个单元塑性应变的发展，此时单元处于一种塑性极限平衡状态。因此，若塑性区面积较小，即使贯通，边坡仍具有一定承载能力，未产生整体失稳；只有继续增大折减系数，坡体内单元的应变逐渐增大，达到塑性状态的单元逐渐增多，才形成整体滑坡。所以，塑性区贯通并不一定意味着边坡失稳，还要看是否产生很大的且无限发展的塑性变形和位移，数值计算中表现为塑性应变和位移产生突变，若仅以贯通作为衡量标准则使安全系数偏小。同时，该判据存在的两个缺点：①在判断塑性区是否贯通时需人为进行观察，其自动化程度不高；②若要进一步提高判据的计算精度则需调整 K 增加的梯度值，将限制该判据的进一步推广。

(2) 计算不收敛判据原理简单，易于嵌入计算程序中，自动化程度较高，且得到的安全系数与位移突变判据得到的结果十分接近，精度也较高，若只是为了得到边坡的最终状态结果，如安全系数和滑动面，可采用该方法。但该判据的结果无法反映边坡的动态变形过程，且在确定 r_a 和 η 时具有一定主观性。

(3) 位移突变判据确定了折减系数与边坡稳定形态的定量关系，能够表征边坡在折减系数达到一定程度后产生很大的且无限发展的塑性变形和位移，具有明确的物理意义。

第4章　滑动面确定方法及稳定性影响因素研究

4.1　引　　言

从第 3 章分析中可知，使用强度折减法计算边坡达到临界状态时，存在多个特征量表征滑动面，如根据临界破坏状态的塑性区[10]、剪应变分布云图[43] 等可视化技术来大致估计潜在滑动面的。其中，连镇营等[10] 利用贯通的广义塑性剪应变的等色图来定义滑动面。宋二祥[9] 建议采用位移增量等值线来确定潜在滑动面。Griffiths 和 Lane[7] 通过使用非关联流动法则，将剪胀角 ψ 取为零，发现变形后的网格中会出现一条明显的网格畸变带，他们将这条畸变带定义为潜在滑动面。但滑动面上的点可能产生剪切破坏也可能产生拉伸破坏，因此，剪应变小的点也可能因为发生拉伸破坏而位于滑动面上，采用剪应变增量的方法进行滑动面确定可能无法得到滑动面上缘的位置，且只能大致估计滑动面位置，却无法对其进行量化。本书在已有的研究成果基础上，提出基于边坡失稳变形机理的滑动面量化确定方法，并且对边坡安全系数和滑动面的影响因素进行分析。分析的思路为固定其他参数，只改变其中一个参数，分析这个参数的变化对边坡安全系数和滑动面的影响。影响因素包括黏结力、内摩擦角、抗拉强度、剪胀角、弹性模量。

4.2　滑动面确定方法

4.2.1　单一滑动面确定

对于给定滑动面的边坡，稳定性计算方法已十分完善，或用极限平衡法，或用有限元计算结果沿滑动面进行积分。而实际情况往往是滑动面的形状事先是不知道的。当潜在滑动面被假定为圆弧状时，临界滑动面可以不借助复杂的优化技术就能搜索出满意的结果。当滑动面形状是任意时，问题就变得复杂多了。目前还没有普遍有效的方法可以很好地解决任意形状滑动面的确定问题。吴春秋[44] 给出了一个滑动面的概念性定义，即在已知的求解域内，给定一组坐标点的 x 坐标，变化寻找相应的 y 坐标，使它所确定的曲线对应的安全系数 F 最小。基于这种定义，需要对大量的潜在危险滑动面 (这些面或是经验设定，或是随机产生，或是采用非线性规划法得出) 进行不停的试算，而且对于复杂的问题，可能得不到全局最优解。本书在分析滑动现象本质的基础上，提出了一种基于变形分析的滑动面确定方法，可以利用强度折减法的计算结果直接确定滑动面，而不需要再使用其他优化方法，从而减少了工作量。

众多的试验研究及工程实践表明，当边坡失稳时，会产生明显的局部化剪切变形，如图 4-1 所示 (计算模型为图 2-3)。这种局部化现象一旦发生，变形将会相对集中在局部化变形区域内，而区域外的变形相当于卸载后的刚体运动，滑坡体将沿某一滑动面滑出。滑动面两侧沿滑动面方向的位移相差明显，存在较大的变形梯度，如图 4-2 所示。

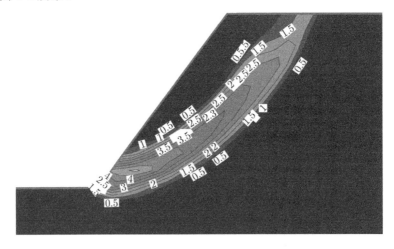

图 4-1　剪应变增量云图

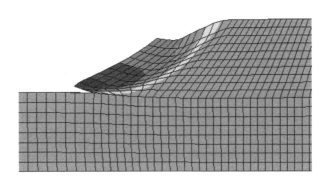

图 4-2　边坡破坏示意图

当边坡达到临界失稳状态时，必然是其一部分岩土体相对于另一部分发生无限制的滑移，并且强度折减法得到边坡临界状态的位移图 (图 4-3) 显示，滑动体上各点的位移包括两个部分：单元的变形和潜在滑体的滑动。当边坡处于破坏状态时，第二部分引起的节点位移远大于第一部分，如图 4-2 所示。

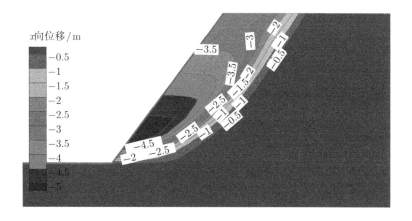

图 4-3　位移等值线云图

　　因此，可采用边坡的位移等值线对滑动面进行判断。如图 4-3 所示，此边坡体以位移值为 0.5 的等值线为界，被明显地分为两部分：滑体和稳定体。在滑动面附近，等值线最为密集，且越往临空面靠近位移值越大，说明该处发生滑动；而滑体以外的稳定体上，位移值均相同，且无其他等值线分布，从而表征该部分相对于滑体部分处于稳定状态。因此，可将两部分之间的分界线定义为滑动面，并利用自编FISH 程序将该曲线和边坡线数据取出，得到图 4-4，从而将滑动面上各点的位置量化。但此时得到的结果只是临界状态的滑动面，其与边坡原始状态的滑动面是否相同，本书在第 2 章进行了推导，证实了两种状态下滑动面的一致性。

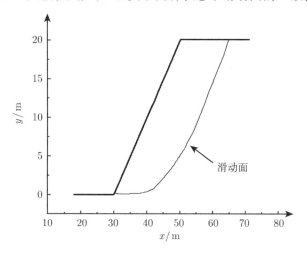

图 4-4　边坡单一滑动面位置

4.2.2　多滑动面确定

为使滑坡工程的治理达到安全、经济的目的，弄清滑动面位置和形状至关重要，特别是对可能存在多个潜在剪出口和滑动面的复杂典型滑坡更为关键。为准确设置支挡结构，必须弄清滑体有几条次生滑动面，确定其潜在剪出口的位置以及各条滑动面发生滑动的次序。为此，不仅要找出最先滑动的滑动面，还需找出安全系数小于设定安全系数的所有滑动面。因为对最先滑动的滑动面进行支护后，后滑的次生滑动面仍可能滑动，只有当所有滑动面都进行支挡后，才能确保滑坡稳定。为此，一些工程技术人员常会依据其经验在一些可能产生次生滑动面的地方布置一些人为滑动面，通过稳定分析来判断是否为次生滑动面；或者采用商业程序，在一些可能滑动的范围内布点，通过搜索来判定是否有次生滑动面。这些方法不仅烦琐，而且还要求工程技术人员有足够的工程经验，使用极为不便。刘明维和郑颖人[45] 通过依次约束坡面位移的方式，搜索低于设定安全系数的所有滑动面和剪出口。但是，对于一些坡面几何形状复杂的边坡，逐个约束坡面节点位移显得较为烦琐，且不易编程，需人工进行操作。由于剪出口以下岩土体并不发生破坏，其抗剪强度参数并不影响滑动面位置，从而可将这部分岩土体材料设为弹性介质。因此，若改变弹性介质的范围即可改变边坡滑动面的位置，从而实现多滑动面的确定。

具体方法如图 4-5 所示，将模型底部以上 h_e 高度范围内的岩土体设为弹性介质，并不断改变 h_e，得到不同滑动面对应的安全系数 (表 4-1) 和滑动面位置 (图 4-6)。从表中可以看出，方案 1 和方案 2 得到的安全系数基本相同，这是由于原始边坡滑动面上各点位置均位于水平面以上 (图 4-6)。若水平面以下部分设置为弹性介质 (方案 2)，则并不能改变滑动面的位置及边坡的安全系数。进一步增加 h_e，边坡的整体安全系数逐渐增大，方案 2~方案 5 的安全系数与方案 1 的安全系数的差值分别为 0.0004, 0.1744, 0.4747, 1.1430, 4.6885，可见，增加相同的 h_e，安全系数的变化梯度越来越大。另外，从图 4-6 中可以看出，随着 h_e 的增加，滑动面的剪出口不断上移，且滑动面上缘离坡顶越来越近，滑动面变得越来越陡。

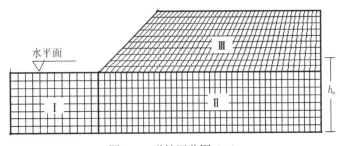

图 4-5　弹性区范围 (h_e)

表 4-1 弹性区高度与安全系数的关系

方案	h_e/m	安全系数 F	方案	h_e/m	安全系数 F	方案	h_e/m	安全系数 F
1	0	1.0985	3	24	1.2729	5	32	2.2415
2	20	1.0989	4	28	1.5732	6	36	5.7870

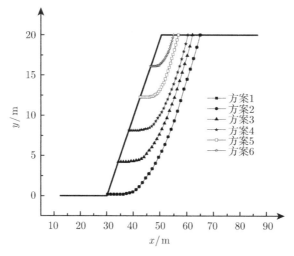

图 4-6 边坡多滑动面位置

4.3 黏结力的影响

将黏结力 c 变化于区间 [4.2kPa，268.8kPa]，变化梯度 K_c，即 $c^i = K_c c^{i-1}$，其中 c^i 和 c^{i-1} 分别为第 i 步变化对应的黏结力和第 $i-1$ 步变化对应的黏结力。得到边坡安全系数和黏结力的关系见表 4-2，以及滑动面位置和黏结力的关系如图 4-7 所示。从表 4-2 中可知，c 在研究区间内变化时，安全系数的变化百分比为 $6.232 \times 100\%$，对于两者关系的其他分析见本书第 2 章，此处不再赘述。本节主要讨论黏结力和滑动面位置的关系。从图 4-7 中可以看出，随着黏结力的增大，边坡滑动由浅层滑动转变为深层滑动，滑动面越来越缓，滑动面上缘越来越远离坡顶，滑体的体积逐渐增大。当黏结力变化于 4.2~67.2 kPa 时，滑动面剪出口位于坡脚以上的倾斜坡面；当黏结力变化于 133.4~268.8 kPa 时，滑动面穿出坡脚左侧的水平地面。

表 4-2 黏结力与安全系数的关系

黏结力/kPa	4.2	8.4	16.8	33.6	67.2	134.4	268.8
安全系数	0.4268	0.5264	0.6865	0.9473	1.4121	2.2510	3.0866

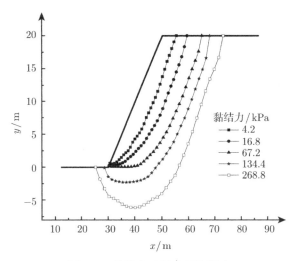

图 4-7　黏结力对滑动面的影响

4.4　内摩擦角的影响

将内摩擦角 ϕ 变化于区间 [1.75°，44.37°]，变化梯度为 K_ϕ，即 $\phi^i = \arctan[K_\phi \tan(\phi^{i-1})]$，其中 ϕ^i 和 ϕ^{i-1} 分别为第 i 步变化对应的内摩擦角和第 $i-1$ 步变化对应的内摩擦角，得到边坡安全系数和内摩擦角的关系见表 4-3。从表中可知，ϕ 在研究区间内变化时，安全系数的变化百分比为 $4.922\times100\%$。滑动面位置和内摩擦角的关系如图 4-8 所示。从图中可以看出，当内摩擦角变化于 1.75° ～ 3.49° 时，滑动面穿出坡脚左侧的水平地面；当内摩擦角变化于 6.97° ～ 44.37° 时，滑动面剪出口位于坡脚以上的倾斜坡面。随着内摩擦角的增大，边坡滑动由深层滑动转变为浅层滑动，滑动面越来越陡，滑动面上缘越来越靠近坡顶，滑体的体积逐渐减小，此规律和黏结力与滑动面位置的关系正好相反。为了找到两者之间的关系，进行如下推导。

表 4-3　内摩擦角与安全系数的关系

内摩擦角/(°)	1.75	3.49	6.97	13.74	26.07	44.37	62.93
安全系数	0.5518	0.6279	0.7568	0.9746	1.3418	2.0283	3.2676

当几何形状、容重不变的情况下，边坡临界状态对应的黏结力 c_{cr}、内摩擦角 ϕ_{cr} 相同时，其对应的滑动面可以被唯一地确定下来[46,47]，因此若要判断任意黏结力 c_i、内摩擦角 ϕ_i 对应边坡的滑动面是否相同，只需判断两者临界状态的黏结力、内摩擦角是否相同。

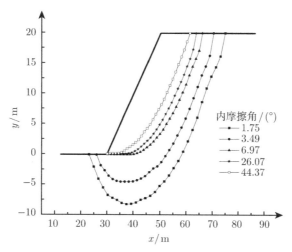

图 4-8 内摩擦角对滑动面的影响

假设 c_{cr} 和 ϕ_{cr} 均为定值, 总可找到 F_{c1} 和 $F_{\phi1}$ 使下式成立:

$$c_{cr} = c_i / F_{c1} \tag{4-1}$$

$$\tan \phi_{cr} = \tan \phi_i / F_{\phi1} \tag{4-2}$$

联立式 (4-1) 和式 (4-2), 可得

$$\frac{F_{c1}}{F_{\phi1}} = \frac{c_i}{\tan \phi_i} \cdot \frac{\tan \phi_{cr}}{c_{cr}} \tag{4-3}$$

借鉴 Taylor[48] 对安全系数的定义, 令 $\lambda_{c\phi} = c_{cr} / (\gamma h \tan \phi_{cr})$, 代入式 (4-3) 可得

$$\frac{F_{c1}}{F_{\phi1}} = \frac{c_i}{\tan \phi_i} \cdot \frac{1}{\gamma h \lambda_{c\phi}} \tag{4-4}$$

当 $F_{c1}/F_{\phi1} = 1$ 时, 即表征任意黏结力 c_i、内摩擦角 ϕ_i 对应的滑动面均相同, 此时

$$\frac{c_i}{\gamma h \tan \phi_i} = \lambda_{c\phi} = \text{const} \tag{4-5}$$

可见, 对于任意边坡的黏结力 c_i 和内摩擦角 ϕ_i 只要满足式 (4-5) 时, 其对应的滑动面均相同。

将 c 和 $\tan\phi$ 变化于 [21.0kPa, 126.0kPa] 和 [0.1529, 0.9171], 得到安全系数 F 与 $\lambda_{c\phi}$ (表 4-4) 及滑动面 (图 4-9)。从中可以看出, 黏结力和内摩擦角在变化过程中, 安全系数不断增大, 而 $\lambda_{c\phi}$ 保持不变, 边坡滑动面位置不发生变化, 与理论分析的结果相同。另外, 从图 4-7 和图 4-8 中可以看出, 随着 $\lambda_{c\phi}$ 的增大, 边坡破坏模式由浅层破坏转变为深层破坏，边坡滑动面越来越缓，其上缘逐渐远离坡顶，滑体的体积逐渐增大。

表 4-4   安全系数 F 和 $\lambda_{c\phi}$ 的变化情况

方案	c/kPa	$\tan\phi$	$\lambda_{c\phi}$	F
1	21.0	0.1529	0.27475	0.54
2	42.0	0.3057	0.27475	1.09
3	63.0	0.4585	0.27475	1.63
4	84.0	0.6114	0.27475	2.17
5	105.0	0.7643	0.27475	2.72
6	126.0	0.9171	0.27475	3.26

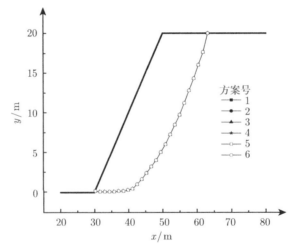

图 4-9 $\lambda_{c\phi}$ 相等时滑动面位置

4.5   抗拉强度的影响

严密地说，岩土体材料的屈服或破坏形式有三种，即剪切屈服 (破坏)、张拉屈服 (破坏) 和体积屈服 (静水压力引起，但无体积破坏形式)，因此，应采用包含这三种形式的复合屈服准则来描述岩土体的屈服与破坏行为[32]。由于多数情况下，埋藏在半无限地表以下的岩土体是受压的，因此，至今人们常将岩土体的破坏形式视为单纯的剪切破坏。然而，人们常见洪水过后沉积的淤泥，在水分蒸发体积缩小时，因收缩导致众多龟裂；各种边坡或挡土墙临近失稳时其后缘靠近地面产生的裂隙等都是受拉破坏的结果，而不是剪切破坏行为[33]。如图 4-10 所示，设一高度为 H 的垂直土坡处在极限平衡状态，ΔH 高的土条在 ΔW 重力和滑弧上反力 ΔR

的垂直分量 ΔR_v 作用下，形成倾覆力矩 $\Delta M_0 = \Delta W \times l_1$，因而整个滑动土体产生总的倾覆力矩为 $\sum \Delta M_0$。既然土体处在平衡状态，就需要有一抵抗力矩 M_R，即 $M_R = T \cdot l_2 = c \cdot l_2 = \sum \Delta M_0$，此抵抗力矩就在滑动土体中产生拉应力，形成拉力裂缝。因此，在这些情况下，如果仍按剪切屈服与破坏来处理，显然是不符合实际的。所以关于土的抗拉强度的研究也日益重要。

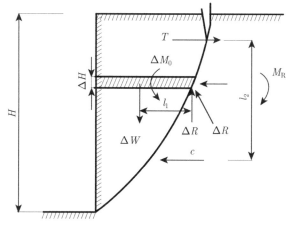

图 4-10　考虑拉裂缝的边坡模型

将边坡岩土体的抗拉强度 σ_t 变化于区间 $[0.1\text{kPa}, 10\text{MPa}]$，变化梯度 K_t，即 $\sigma_t^i = K_t \sigma_t^{i-1}$，其中 σ^i 和 σ^{i-1} 分别为第 i 步变化对应的抗拉强度和第 $i-1$ 步变化对应的抗拉强度。得到边坡安全系数和抗拉强度的关系见表 4-5。从表中可以看出安全系数的变化范围为 $1.0840 \sim 1.1152$，安全系数随着抗拉强度的增大而呈现递增的规律，最大值与最小值的差别为 2.878%，其变化范围明显小于黏结力和内摩擦角引起安全系数的变化范围。图 4-11 显示抗拉强度与边坡滑动面的关系，从图中可以看出，虽然抗拉强度的变化幅度很大，但其引起滑动面位置的变化却不太明显，对比各个抗拉强度对应的滑动面上缘可以看出，随着抗拉强度的增大滑动面上缘逐渐远离坡顶。

表 4-5　抗拉强度与安全系数的关系

抗拉强度/kPa	0.1	1.0	10.0	100.0	1000.0	10000.0
安全系数	1.0840	1.0918	1.0985	1.1152	1.1152	1.1152

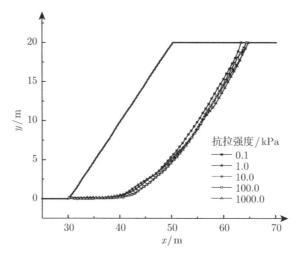

图 4-11　抗拉强度对滑动面的影响

4.6　剪胀角的影响

边坡稳定分析最常用的极限平衡法完全不考虑材料的流动法则，无法对材料的剪胀性予以考虑。以滑移线场法和极限分析法为基础的经典土体稳定计算程序，都是将土体当成相关联的材料，假定剪胀角等于材料的内摩擦角，即 $\psi = \phi$。但是，大量的试验结果表明，土体实际表现出来的剪胀角要比内摩擦角低很多[33]，在剪切变形过程中，用相关流动法则预测出来的膨胀要比在实验室或者现场观测到的大得多。数值分析方法通过非关联流动法则可以方便地考虑剪胀的影响。然而在土工数值计算中，往往只考虑了两种极限情况，一种是采用相关联的流动法则，即 $\psi = \phi$；另一种是剪胀角等于零，即 $\psi = 0$ 的非关联流动法则。而中间状态如 $\psi = (0.1 \sim 0.9)\phi$ 的情况却讨论较少，它们对边坡滑动面的影响如何也并不明确。

本节利用 FLAC^{3D} 结合作者所提出的基于强度折减位移等值线的滑移面确定方法对边坡稳定分析中剪胀性的影响进行分析。

4.6.1　剪胀机理

材料受到剪切时由于颗粒的错动，往往会产生塑性体积变形，这种特性称为剪胀性。剪胀性是散粒材料的一个非常重要的特性，软土和松砂常表现为剪缩，紧密砂土，超固结黏土，常表现为剪胀。常用剪胀角作为衡量材料剪胀性的定量指标，这里主要讨论岩土体的剪胀，即 $0 \leqslant \psi \leqslant \phi$，当 $\psi = 0$ 时，意味着剪切时土体的体积变形为零。

土体剪切过程中，要克服剪胀效应而做功，因此土体的剪胀对强度特性有着重要的影响。从亚微观的尺度,可以将黏性土的抗剪强度分为三个基本分量,即凝聚分量、剪胀分量和摩擦分量[32],如图 4-12 所示。土在受剪过程中,由于颗粒间的咬合作用将引起土体体积增加,因此这种颗粒干扰也将提供附加剪阻力,即剪胀分量。剪胀和摩擦一样,最重要的特征是它们所提供的剪阻力是剪切面上法向应力的正比函数。从图 4-12 中可见,随着应变的增大,剪胀充分发挥作用,剪胀分量达到峰值;达到某一应变后,土体体积不再增加,剪胀分量也逐渐消失。由此可见,剪胀分量的存在是土体强度出现峰值的原因。

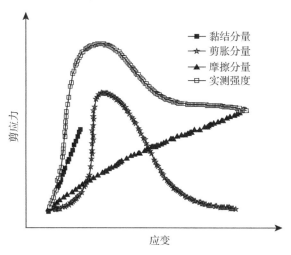

图 4-12 强度分量示意图

同黏性土类似,砂土的抗剪强度也可以看成由两部分组成:一部分是由颗粒的滑动和滚动摩擦提供的剪阻力–摩擦分量,与颗粒粗糙程度有关;另一部分是由颗粒咬合作用引起的剪阻力–剪胀分量,与砂土的松紧程度和颗粒的形状有关。对于紧砂,剪胀分量在它的强度中将占显著比例。因此,内摩擦角不仅取决于摩擦分量,而且还取决于剪胀分量。

关于剪胀性对抗剪强度的影响,可通过能量校正予以估算。例如,Taylor 假设砂在剪切时用体积膨胀来抵抗围压,其所耗的能量由剪切力做功来提供。该剪切力,就是由剪胀作用所产生的抗剪强度。他根据直剪试验的结果,用下式表示该剪切力:

$$\tau = \sigma_n \mathrm{d}h/\mathrm{d}x \tag{4-6}$$

式中,$\mathrm{d}x$ 为剪应变增量;$\mathrm{d}h$ 为试件厚度的相应增量。

又如,Bishop 对三轴压缩试验,提出相应的表达式

$$\tan^2(45° + \phi'/2) = \sigma_1/\sigma_3 \tag{4-7}$$

$$\tan^2(45° + \phi'_r/2) = (\sigma_1/\sigma_3 - \mathrm{d}\varepsilon_v/\mathrm{d}\varepsilon_1) \tag{4-8}$$

式中，ϕ' 为试验测得的排水剪内摩擦角；ϕ'_r 为消除剪胀后的内摩擦角；$\mathrm{d}\varepsilon_v$ 为体积应变增量；$\mathrm{d}\varepsilon_1$ 为轴向应变增量。

但是，Rowe 通过试验发现用以上两种方法消除剪胀产生的强度后，ϕ_r 仍超过颗粒的滑动摩擦角 ϕ'_μ，他提出以下修正剪胀的表达式：

$$\tan^2(45° + \phi'_r/2) = \frac{\sigma_1}{\sigma_3(1 - \mathrm{d}\varepsilon_v/\mathrm{d}\varepsilon_1)} \tag{4-9}$$

并且把剪胀所需的能量又细分为两部分：① 土体剪胀时，由于摩擦所吸收的能量；② 体积变化时，外部做功所需的能量。并认为 Taylor 和 Bishop 的能量修正，只代表了第二部分。

4.6.2   数值计算中对剪胀的处理

在塑性理论中，正交流动法则决定了塑性应变增量 (或塑性应变率) 各分量与塑性势面 G 法向方向余弦成正比，塑性应变增量的方向与塑性势面的法线方向一致，即

$$\mathrm{d}\varepsilon^p_{ij} = \mathrm{d}\lambda \frac{\partial G}{\partial \sigma_{ij}} \tag{4-10}$$

在应力空间中，当塑性势面 G 与屈服面 F 重合时，称为相关联流动法则；不重合时，则称为非相关流动法则。通常将塑性势函数假定为与屈服函数相同的形式，只是采用剪胀角 ψ 代替内摩擦角 ϕ，以此来考虑剪胀的影响。当 $\psi = \phi$ 时，为相关联流动法则；当 $\psi \neq \phi$ 时为非相关流动法则。实际土体的剪胀角总是小于内摩擦角的，因而采用非相关流动法则可以较好地模拟边坡的实际性状。在数值计算中，采用相关联流动法则意味着应力特征线和速度 (应变) 特征线，即滑移线重合，速度特征线上的应力符合 Mohr-Coulomb 准则。当采用非关联的流动法则时，应力特征线和速度特征线不再重合，在速度特征线上，应力也不再符合 Mohr-Coulomb 准则[44]。

4.6.3   无坡顶超载下剪胀角的影响

为了研究无坡顶超载情况下，剪胀角对边坡安全系数和滑动面的影响。首先，计算 $\phi = 17°$，$27°$，$37°$，$47°$ 时，对应非相关流动法则 $(\psi = 0)$ 边坡的安全系数，分别为 1.0985，1.4039，1.7452，2.1818；然后，计算在这些内摩擦角情况下，剪胀角对安全系数和滑动面的影响，即 $\psi^i = K_\psi \phi$，其中 K_ψ 为剪胀角的变化因子，其值位于区间 $[0, 1]$，变化梯度为 0.1，ψ^i 为第 i 步变化对应的剪胀角。为了便于对比分析，记录各个内摩擦角相应 ψ 值与 $\psi = 0$ 情况下的安全系数差 ΔF 和 K_ψ 之

间的关系，如图 4-13 所示。从图中可以看出，剪胀角对安全系数的影响并不呈递增趋势，而是表现出先增大再减小的抛物线样式；随着内摩擦角 ϕ 的增大，抛物线的曲率增大，说明剪胀角对安全系数的影响范围扩大，而顶点所在位置相对的横坐标位置逐渐减小，曲线峰值点对应的剪胀角分别为 23.5°，22.2°，18.9°，17°。可见，当内摩擦角 ϕ 值较小时，剪胀角对安全系数的影响才呈现递增的规律。另外各个内摩擦角 ϕ 下，关联流动情况的安全系数 F_ψ^c 和非关联流动的安全系数 F_ψ^u 差值 ΔF_ψ^{c-n} 分别为 0.0286，0.0550，0.0594，0.0197，差值百分比 $\Delta F_\psi^{c-n}/F_\psi^u$ 为 2.604%，3.918%，3.404%，0.903%，呈现先增大后减小的规律。为了进一步研究 ΔF_ψ^{c-n} 的变化规律，分别改变内摩擦角 ϕ 于区间 [17°，46°]，得到两种法则对应下的安全系数及 ΔF_ψ^N，见表 4-6。从表中可以看出，当 $\phi=35°$ 时，ΔF_ψ^{c-n} 达到最大值，为 0.0622。

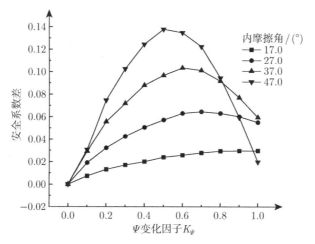

图 4-13 不同内摩擦角下剪胀角对安全系数的影响

在强度折减法的计算结果中，取出各个内摩擦角 $K_\psi=0.1$，0.4，0.7，1.0 情况下的滑动面分布，如图 4-14~ 图 4-17 所示。从图中可以看出，随着剪胀角的不断增大，滑动面上缘与边坡顶点的距离逐渐缩小。当内摩擦角较小时，不同剪胀角对应的滑动面之间的差别不大，随着内摩擦角的增大，它们之间的差别也逐渐增大。如图 4-17 所示，尽管此时 $K_\psi=1.0$ 和 $K_\psi=0.1$ 对应的安全系数差别较小，但其滑动面位置却有明显不同。另外，安全系数虽然随着 K_ψ 的变化呈现先增大后减小的规律，但滑动面位置并无此起伏规律，其形状随 K_ψ 的增大变得越来越陡，与内摩擦角的变化规律 (图 4-8) 类似。

表 4-6　F_ψ^c 和 F_ψ^u 的变化规律

$\phi/(°)$	F_ψ^u	F_ψ^c	ΔF_ψ^{c-n}	差值百分比/%	$\phi/(°)$	F_ψ^u	F_ψ^c	ΔF_ψ^{c-n}	差值百分比/%
17	1.0985	1.1271	0.0286	2.604	32	1.5709	1.6288	0.0579	3.686
18	1.1271	1.1608	0.0337	2.990	33	1.6031	1.6632	0.0601	3.749
19	1.1578	1.1937	0.0359	3.101	34	1.6368	1.6969	0.0601	3.672
20	1.1893	1.2267	0.0374	3.145	35	1.6713	1.7335	0.0622	3.722
21	1.2194	1.2596	0.0402	3.297	36	1.7079	1.7679	0.0600	3.513
22	1.2494	1.2926	0.0432	3.458	37	1.7452	1.8046	0.0594	3.404
23	1.2802	1.3256	0.0454	3.546	38	1.7855	1.8434	0.0579	3.243
24	1.3109	1.3585	0.0476	3.631	39	1.8258	1.8800	0.0542	2.969
25	1.3417	1.3922	0.0505	3.764	40	1.8676	1.9203	0.0527	2.822
26	1.3724	1.4259	0.0535	3.898	41	1.9108	1.9518	0.0410	2.146
27	1.4039	1.4589	0.0550	3.918	42	1.9518	1.9906	0.0388	1.988
28	1.4369	1.4918	0.0549	3.821	43	1.9957	2.0280	0.0323	1.618
29	1.4691	1.5248	0.0557	3.791	44	2.0389	2.0682	0.0293	1.437
30	1.5028	1.5592	0.0564	3.753	45	2.0836	2.1107	0.0271	1.301
31	1.5365	1.5944	0.0579	3.768	46	2.1334	2.1503	0.0169	0.792

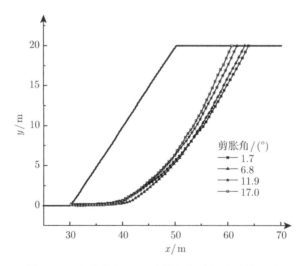

图 4-14　内摩擦角 17° 时剪胀角对滑动面的影响

4.6.4　有坡顶超载下剪胀角的影响

由吴春秋[44] 的工作可知，坡顶存在超载情况下，剪胀角对边坡的安全系数有较大影响。为了研究坡顶超载情况下，K_ψ 的变化过程对边坡安全系数和滑动面的影响，在坡顶 10m 范围内，分别布置坡顶超载 P 为 2.0kPa，20.0kPa，200.0kPa 的坡顶超载。首先，计算不同情况下 $\psi=0$ 对应的安全系数得到表 4-7。然后，分别改

变 K_ψ 值的大小，得到不同内摩擦角、不同超载情况下，ΔF 和 K_ψ 的变化趋势，如图 4-18~图 4-21 所示。从图中可以看出，当 K_ψ 达到一定值时，各条曲线均达到峰值，为了便于对比分析，记录不同情况下最大 ΔF 及其对应的 K_ψ，见表 4-8。最后，采用本章提出的滑动面确定方法，绘制 $\phi=17°$ 时不同 P 情况下边坡的滑动面，如图 4-22 所示。

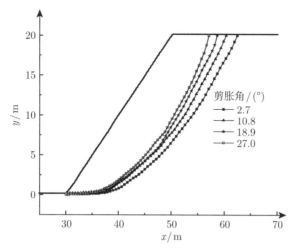

图 4-15　内摩擦角 27° 时剪胀角对滑动面的影响

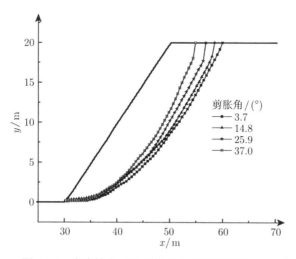

图 4-16　内摩擦角 37° 时剪胀角对滑动面的影响

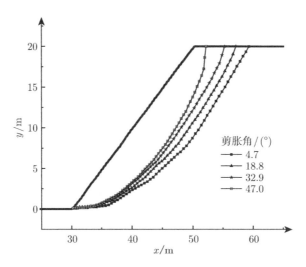

图 4-17 内摩擦角 47° 时剪胀角对滑动面的影响

表 4-7 不同情况下 $\psi=0$ 对应的安全系数

内摩擦角/(°)	坡顶超载/kPa			
	0.0	2.0	20.0	200.0
17	1.1052	1.0933	1.0513	0.7583
27	1.4230	1.3989	1.3452	1.0112
37	1.7745	1.7397	1.6890	1.3091
47	2.1818	2.1823	2.1146	1.6647

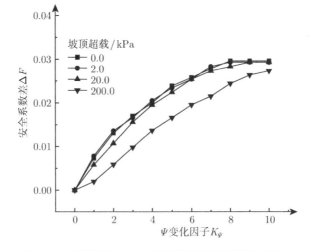

图 4-18 内摩擦角 17° 不同超载情况下剪胀角的影响

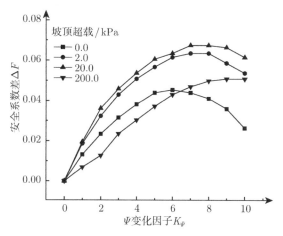

图 4-19 内摩擦角 27° 不同超载情况下剪胀角的影响

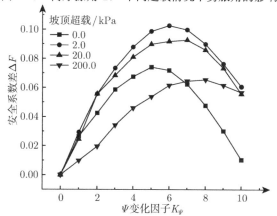

图 4-20 内摩擦角 37° 不同超载情况下剪胀角的影响

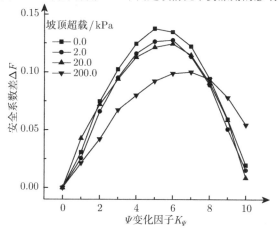

图 4-21 内摩擦角 47° 不同超载情况下剪胀角的影响

表 4-8   不同情况下最大 ΔF 及其对应的 K_ψ

内摩擦角/(°) \ 坡顶超载/kPa	0.0	2.0	20.0	200.0
17	0.0296 (0.8)	0.0293 (0.8)	0.0293 (0.9)	0.0273 (1.0)
27	0.0454 (0.6)	0.0635 (0.7)	0.0674 (0.7)	0.0508 (0.9)
37	0.0718 (0.6)	0.0997 (0.7)	0.0927 (0.7)	0.0654 (0.8)
47	0.1377 (0.5)	0.1276 (0.6)	0.1245 (0.6)	0.1001 (0.7)

注：表格中数字表示 ΔF；括号中数字表示其对应的 K_ψ。

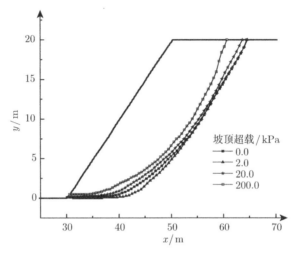

图 4-22   内摩擦角 17° 下坡顶超载对滑动面的影响

从图 4-18~图 4-21 及表 4-7 和表 4-8 中可知，随着坡顶超载的增大，由非关联法则计算得到的边坡安全系数逐渐减小，P=2.0~20.0 kPa 引起的安全系数变化较小，当 P=200 kPa 时，安全系数发生较大变化。随着坡顶超载的增大，当 ϕ=17° 时，剪胀角变化引起的最大安全系数差逐渐减小，说明剪胀角对安全系数的影响程度逐渐减小；当 ϕ=27° 时，剪胀角对安全系数的影响程度先增大后减小，最大值发生在 P=20.0 kPa 时；当 ϕ=37° 时，剪胀角对安全系数的影响程度先增大后减小，最大值发生在 P=2.0 kPa 时；当 ϕ=47° 时，剪胀角对安全系数的影响程度不断减小。从而可以判断，内摩擦角增大引起的最大 ΔF 随 P 的增大呈现先增大后减小的规律；并且 K_ψ 随 P 值逐渐增大，说明剪胀角的变化对安全系数的影响不断滞后 (对于 ϕ=17° ~47° 的情况，均出现此规律)。

图 4-22 为内摩擦角 17° 下坡顶超载对滑动面的影响。从图中可以看出，坡顶超载越大边坡滑动面越陡，滑动面上缘越靠近坡顶。在 P=0.0kPa，2.0kPa，20.0kPa 情况下，滑动面比较接近，只在滑动面下部存在一些不同；而在 P=200.0kPa 情况下，滑动面与其他超载情况下有明显不同，其位于另外三种超载形式滑动面的内

部，滑动体的体积最小，滑动面的安全系数也最小。

4.7 弹性模量的影响

一般认为，弹性模量对安全系数的影响较小，因此在稳定性分析中对弹性模量的考虑不多，对其取值的规定也不够严格，为了加快计算速度甚至可任意调整相应弹性模量的数值。由于弹性范围内的弹性模量变化不会引起应力场改变，但可以影响变形场，而安全系数的定义只依赖于应力场，因此无锚固时弹性模量的变化无法引起应力场的变化；进入塑性阶段后，由于塑性屈服准则是以应力为基本量的 Mohr-Coulomb 准则，因此弹性模量也不会明显影响安全系数。但此种处理方式只适用于无加固结构情况下的边坡稳定性分析；对于土体和结构共同作用的系统，由于两者之间复杂的相互作用，可以想象土体弹性模量的改变可影响相应结构单元的变形，从而影响其力学行为以及边坡整体稳定性。为了验证以上思想，并对弹性模量取值进行探讨，本书通过算例分析，得到边坡在加锚和无锚工况下，弹性模量对边坡安全系数和滑动面的影响。

4.7.1 锚杆加固机理分析

锚杆与边坡的黏结是锚杆能够发挥加固作用的基础，它不但与设置锚杆的施工方法有关，还与岩土性质有关，相互作用十分复杂。从简化角度分析，锚杆与土体间存在着很强的黏结作用，其轴向能承受很大的拉拔力。本书采用双弹簧 cable 单元来模拟锚杆 (图 4-23)。该法通过对锚杆–浆体界面和浆体–岩土体界面之间相对位移的模拟来实施模拟锚杆、灌浆体以及岩土体之间的相对滑动。当这两个界面之间产生了相对滑动，灌浆环的剪切特性即可通过一系列的锚杆参数和灌浆体的参数来进行数值描述。在数值计算过程中，锚杆被分为许多小段的单元体，通过这些小段的积分得到锚杆整体的变形和应力状态。

锚杆单元的轴向力 F_t^a 可由其轴向位移 u_{bt} 得到

$$F_t^a = K_t^a u_{bt} \tag{4-11}$$

式中，$u_{bt} = u_i^k n_i = \left(u_x^{[2]} - u_x^{[1]}\right) n_1 + \left(u_y^{[2]} - u_y^{[1]}\right) n_2 + \left(u_z^{[2]} - u_z^{[1]}\right) n_3$；$u_i^{[m]}$ 为锚杆单元 m 节点在 i 方向上的位移；n_i 为锚杆轴线的方向余弦。

采用位于节点处的锚杆、砂浆、岩土体系统描述其间的剪切行为，如图 4-23 和图 4-24 所示。假设砂浆材料为理想弹塑性体，在锚杆和砂浆交界面及砂浆和围岩交界面上产生相对位移时，锚杆剪力为

$$\frac{F_s^a}{L} = K_s^a u_{bs} \tag{4-12}$$

式中，F_s^a 为砂浆体内产生的剪切力 (沿锚杆单元和网格之间的交界面)；u_{bs} 为锚杆和岩土界面之间的相对位移；L 为有效锚固长度；K_s^a 为锚杆的剪切刚度。

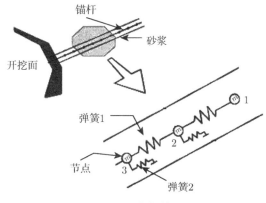

图 4-23　锚杆单元

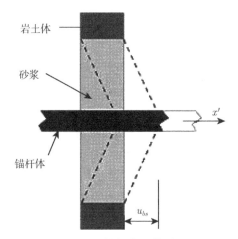

图 4-24　锚杆变形模型

对于灌浆体内部任意点上的相对剪切位移 u^t 和剪应力 F^t，有下列关系

$$F^t = k_g u^t \tag{4-13}$$

式中，k_g 为砂浆的刚度。

经过推导，单位长度上浆体–岩体界面上的剪应力可由下式计算：

$$\tau_g = \frac{G \cdot \Delta u}{(D/2 + t)\ln(1 + 2t/D)} \tag{4-14}$$

式中，Δu 为浆体和土体两个界面的相对位移；G 为浆体的剪切模量；t 为灌浆环的厚度；D 为锚杆直径。

4.7.2 无支护情况下弹性模量的影响

分别改变岩土体的弹性模量于区间 [1.0MPa，100.0GPa]，计算相应的安全系数得到表 4-9(尽管本书对弹性模量的某些取值与边坡岩土体其他参数无法匹配，但得到的结果仍可作为数值计算参数取值的参考)。从表中可以看出，安全系数的变化幅度为 ±0.0006，可认为得到的安全系数均相同，即对于无支护结构情况下的边坡，弹性模量对其安全系数的影响十分微小；并且其对滑动面位置的变化也基本不存在影响 (图 4-25)，各个滑动面的位置基本重合。

表 4-9　弹性模量与安全系数的关系

弹性模量/MPa	1.0	10.0	100.0	1000.0	10000.0	100000.0
安全系数	1.0983	1.0989	1.0989	1.0983	1.0983	1.0977

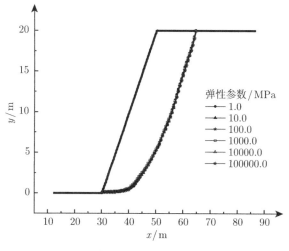

图 4-25　无支护情况下 E 对滑动面的影响

4.7.3 有支护情况下弹性模量的影响

在坡面正中央打入一根倾角为 $10°$ 的锚杆，锚杆结构单元参数：弹性模量 $(E_b)1×10^3$MPa，泊松比 0.25，截面积 314mm²，钻孔周长 189.6mm。切向黏结力 $1.75×10^5$N/m，切向摩擦角 $30°$，黏结刚度 $1.0×10^9$N/m²，法向黏结力 $1.75×10^8$N/m，法向刚度$1.0×10^9$N/m²。分别改变岩土体的弹性模量E_s于区间[1.0MPa，100.0GPa]，计算相应的安全系数得到表 4-10。从表中可以看出，当 $E_s < E_b$ 时，E_s 对边坡安全系数的影响较小，变化幅度为 0.0012。当 E_s 等于 E_b 和 $10E_b$ 时，边坡的安全系数明显减小，幅度为 0.1141、0.1172；继续增大 $E_s = 100E_b$ 时，安全系数变化值为 0.0293。由此可见，随着 E_s 的增大，边坡安全系数逐渐减小，但对于相同的

ΔE_s，F 减小的幅度不断减缓。这是由于 E_s 的增大使边坡岩土体在相同自重作用下，发生的变形减小，而锚杆的变形依赖于岩土体的变形，因而锚杆的变形也减小，从而引起其轴力无法得到充分发挥，对边坡的阻滑作用也减小。从图 4-26 中可以看出，随着 E_s 的增大，边坡的潜在滑动面逐渐靠近边坡临空面，由深层滑动转变为浅层滑动。另外，从 E_s=1GPa 对应的边坡滑动面中可以看出，由于锚杆的拉拔作用，锚杆端部的土体被逐渐拉出原有位置。

表 4-10　弹性模量与安全系数的关系

弹性模量/MPa	1.0	10.0	100.0	1000.0	10000.0	100000.0
安全系数 F	1.3632	1.3644	1.3638	1.2497	1.1325	1.1032

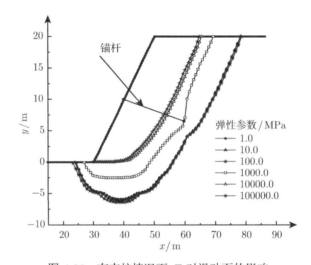

图 4-26　有支护情况下 E 对滑动面的影响

4.8　小　　结

(1) 采用边坡的位移等值线对滑动面进行判断，将滑体和稳定体之间的分界线定义为滑动面，并利用自编 FISH 程序将该曲线和边坡线数据取出，从而将滑动面上各点的位置量化。并采用设置不同弹性区高度，得到多滑动面的确定方法。

(2) 内摩擦角和黏结力对安全系数和滑动面位置的影响最大。随着黏结力的增大，边坡滑动由浅层滑动转变为深层滑动，滑动面越来越缓，滑动面上缘越来越远离坡顶，滑体的体积逐渐增大。

(3) 随着内摩擦角的增大，边坡滑动由深层滑动转变为浅层滑动，此规律和黏结力与滑动面位置的关系正好相反。另外，滑动面越来越陡，滑动面上缘越来越靠近坡顶，滑体的体积逐渐减小。

(4) 安全系数随着抗拉强度的增大而呈现递增的规律，虽然抗拉强度的变化幅度很大，但其引起滑动面位置的变化却不太明显；随着抗拉强度的增大滑动面位置逐渐远离坡顶。

(5) 剪胀角对安全系数的影响考虑两种情况分析：无坡顶超载情况和存在坡顶超载情况。结果表明：①无坡顶超载情况下，剪胀角对安全系数的影响并不随剪胀角的增加呈递增趋势，而是表现出先增大再减小的抛物线样式；随着内摩擦角的增大，剪胀角对安全系数的影响范围扩大，而顶点所在位置相对的横坐标位置逐渐减小；只有当内摩擦角值较小时，剪胀角对安全系数的影响才呈现递增的规律。各个内摩擦角下，关联流动情况的安全系数和非关联流动的安全系数差值呈现先增大后减小的规律。随着剪胀角的不断增大，滑动面上缘与边坡顶点的距离逐渐缩小。当内摩擦角较小时，不同剪胀角对应的滑动面之间的差别不大，随着内摩擦角的增大，它们之间的差别也逐渐增大。另外，安全系数虽然随着 K_ψ 的变化呈现先增大后减小的规律，但滑动面位置并无此起伏规律，其形状随 K_ψ 的增大变得越来越陡；②有坡顶超载情况下，随着坡顶超载的增大，由非关联法则计算得到的边坡安全系数逐渐减小，$P=2.0\sim20.0$ kPa 引起的安全系数变化较小，当 $P=200$ kPa 时，安全系数发生较大变化。随着坡顶超载的增大，当 $\phi=17°$ 时，剪胀角对安全系数的影响程度逐渐减小；当 $\phi=27°$ 时，剪胀角对安全系数的影响程度先增大后减小，最大值发生在 $P=20.0$ kPa 时；当 $\phi=37°$ 时，剪胀角对安全系数的影响程度先增大后减小，最大值发生在 $P=2.0$ kPa 时；当 $\phi=47°$ 时，剪胀角对安全系数的影响程度不断减小；内摩擦角增大引起的最大 ΔF 随 P 的增大呈现先增大后减小的规律；并且剪胀角的变化对安全系数的影响不断滞后。坡顶超载越大边坡滑动面越陡，并且滑动面上缘越靠近坡顶。

(6) 弹性模量对安全系数的影响考虑两种情况分析：无锚杆支护情况和存在锚杆支护情况。结果表明：①无支护情况下，边坡的弹性模量对其安全系数的影响十分微小；并且各个滑动面的位置也基本重合。②存在锚杆支护情况下，随着 E_s 的增大，边坡安全系数逐渐减小，但对于相同的 ΔE_s，F 减小的幅度不断减缓。随着 E_s 的增大，边坡的潜在滑动面逐渐靠近边坡临空面，由深层滑动转变为浅层滑动。

第5章 基于边坡极限状态的土体抗剪强度 参数反分析

5.1 引　言

通过第 4 章的分析可知,对于采用 Mohr-Coulomb 准则描述的边坡岩土体,黏结力和内摩擦角是影响稳定性的重要参数,变化其中任一值均可引起安全系数的变化,但是否同样引起滑动面位置的变化仍不明确。因此,本章将探讨抗剪强度参数对边坡滑动面分布的影响,并且利用边坡极限状态进行的土体抗剪强度参数反分析。

5.2　安全系数与滑动面之间关系的理论推导

根据 Jiang 和 Yamagami[46]、Lin 和 Cao[49] 的研究结果可知,当几何形状、容重不变的情况下,边坡临界状态对应的黏结力 c_{cr}、内摩擦角 ϕ_{cr} 相同时,其对应的滑动面可以被唯一地确定下来,因此若要判断任意黏结力 c_i、内摩擦角 ϕ_i 对应边坡的滑动面是否相同,只需判断两者临界状态的黏结力、内摩擦角是否相同。

假设 c_{cr},ϕ_{cr} 均为定值,总可找到 F_{c1} 和 $F_{\phi 1}$ 使下式成立:

$$c_{\mathrm{cr}} = c_i/F_{c1} \tag{5-1}$$

$$\tan \phi_{\mathrm{cr}} = \tan \phi_i/F_{\phi 1} \tag{5-2}$$

联立式 (5-1)、式 (5-2),可得

$$\frac{F_{c1}}{F_{\phi 1}} = \frac{c_i}{\tan \phi_i} \cdot \frac{\tan \phi_{\mathrm{cr}}}{c_{\mathrm{cr}}} \tag{5-3}$$

令 $\lambda_{c\phi} = \dfrac{c_{\mathrm{cr}}}{\gamma h \tan \phi_{\mathrm{cr}}}$,代入式 (5-3),可得

$$\frac{F_{c1}}{F_{\phi 1}} = \frac{c_i}{\tan \phi_i} \cdot \frac{1}{\gamma h \lambda_{c\phi}} \tag{5-4}$$

式中,h 为边坡高度。

当 $\dfrac{F_{c1}}{F_{\phi 1}} = 1$ 时，即表征任意黏结力 c_i、内摩擦角 ϕ_i 对应的滑动面均相同，此时

$$\frac{c_i}{\gamma h \tan \phi_i} = \lambda_{c\phi} = \text{const} \tag{5-5}$$

可见，对于任意边坡其黏结力 c_i 和内摩擦角 ϕ_i 只需满足式 (5-5) 时，其对应的滑动面均相同。

5.3 滑动面影响参数分析

采用第 2 章的计算参数、边界条件和分析模型，但将网格加密，如图 5-1 所示，共包含 7200 个单元和 14802 个节点。分别改变黏结力和内摩擦角，得到不同的计算方案，讨论 $\lambda_{c\phi}$ 分别在定值、增加和减小情况下，边坡安全系数和滑动面的变化情况，令

$$c_i = K_c c_0 \tag{5-6}$$

$$\tan \phi_i = K_\phi \tan \phi_0 \tag{5-7}$$

其中，c_i，ϕ_i 分别为第 i 个方案对应的黏结力和内摩擦角；K_c，K_ϕ 分别为 c 和 ϕ 的变化系数。

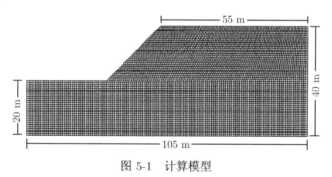

图 5-1 计算模型

5.3.1 $\lambda_{c\phi}$ 不变的情况

可通过改变 K_c，K_ϕ，K_γ 使得 $\lambda_{c\phi}$ 保持为定值，如 K_γ 不变，$K_c/K_\phi=$ 定值；K_ϕ 不变，$K_c/K_\gamma=$ 定值；$K_c/(K_\phi \cdot K_\gamma)=$ 定值，分别得到 $\lambda_{c\phi}$ 与安全系数 F 和滑动面的关系 (图 5-2~图 5-4)。从中可以看出，在容重、黏结力、内摩擦角变化过程中，安全系数也随之变化，但只要保持 $\lambda_{c\phi}$ 不变，边坡滑动面位置不发生变化，与理论分析的结果相同。从得到的安全系数 (表 5-1、表 5-2) 可以看出，不同的构造方案可以得到相同的安全系数也可以得到不同的安全系数，但是，只要保持 $\lambda_{c\phi}$ 不变，边坡滑动面位置即为确定的。

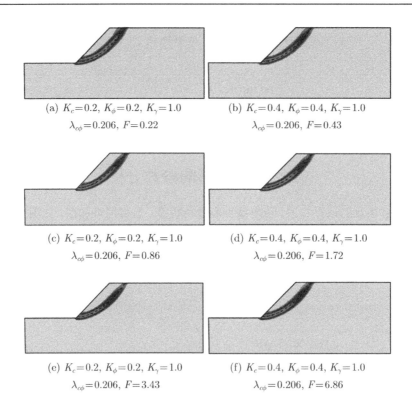

(a) $K_c=0.2$, $K_\phi=0.2$, $K_\gamma=1.0$
$\lambda_{c\phi}=0.206$, $F=0.22$

(b) $K_c=0.4$, $K_\phi=0.4$, $K_\gamma=1.0$
$\lambda_{c\phi}=0.206$, $F=0.43$

(c) $K_c=0.2$, $K_\phi=0.2$, $K_\gamma=1.0$
$\lambda_{c\phi}=0.206$, $F=0.86$

(d) $K_c=0.4$, $K_\phi=0.4$, $K_\gamma=1.0$
$\lambda_{c\phi}=0.206$, $F=1.72$

(e) $K_c=0.2$, $K_\phi=0.2$, $K_\gamma=1.0$
$\lambda_{c\phi}=0.206$, $F=3.43$

(f) $K_c=0.4$, $K_\phi=0.4$, $K_\gamma=1.0$
$\lambda_{c\phi}=0.206$, $F=6.86$

图 5-2　$\lambda_{c\phi}$ 不变时与安全系数 F 和滑动面的关系

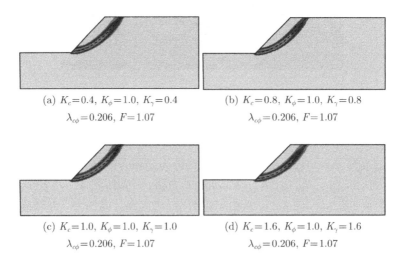

(a) $K_c=0.4$, $K_\phi=1.0$, $K_\gamma=0.4$
$\lambda_{c\phi}=0.206$, $F=1.07$

(b) $K_c=0.8$, $K_\phi=1.0$, $K_\gamma=0.8$
$\lambda_{c\phi}=0.206$, $F=1.07$

(c) $K_c=1.0$, $K_\phi=1.0$, $K_\gamma=1.0$
$\lambda_{c\phi}=0.206$, $F=1.07$

(d) $K_c=1.6$, $K_\phi=1.0$, $K_\gamma=1.6$
$\lambda_{c\phi}=0.206$, $F=1.07$

图 5-3　$\lambda_{c\phi}$ 不变时与安全系数 F 和滑动面的关系

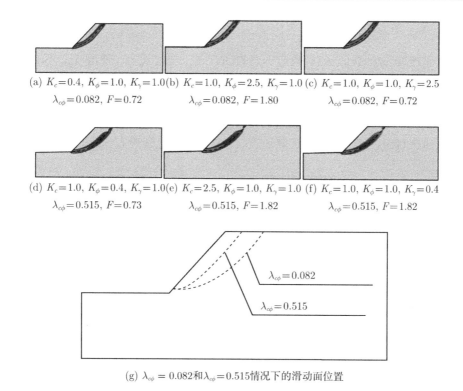

(a) $K_c=0.4$, $K_\phi=1.0$, $K_\gamma=1.0$ (b) $K_c=1.0$, $K_\phi=2.5$, $K_\gamma=1.0$ (c) $K_c=1.0$, $K_\phi=1.0$, $K_\gamma=2.5$
$\lambda_{c\phi}=0.082$, $F=0.72$ $\lambda_{c\phi}=0.082$, $F=1.80$ $\lambda_{c\phi}=0.082$, $F=0.72$

(d) $K_c=1.0$, $K_\phi=0.4$, $K_\gamma=1.0$ (e) $K_c=2.5$, $K_\phi=1.0$, $K_\gamma=1.0$ (f) $K_c=1.0$, $K_\phi=1.0$, $K_\gamma=0.4$
$\lambda_{c\phi}=0.515$, $F=0.73$ $\lambda_{c\phi}=0.515$, $F=1.82$ $\lambda_{c\phi}=0.515$, $F=1.82$

(g) $\lambda_{c\phi}=0.082$和$\lambda_{c\phi}=0.515$情况下的滑动面位置

图 5-4 $\lambda_{c\phi}$ 不变时与安全系数 F 和滑动面的关系

表 5-1 $\lambda_{c\phi}$ 不变时的安全系数 F

方案	K_c	K_ϕ	K_γ	$\lambda_{c\phi}$	F
1	0.4	1.0	0.4	0.206	1.07
2	0.8	1.0	0.8	0.206	1.07
3	1.0	1.0	1.0	0.206	1.07
4	1.6	1.0	1.6	0.206	1.07

表 5-2 $\lambda_{c\phi}$ 不变时的安全系数 F

方案	K_c	K_ϕ	K_γ	$\lambda_{c\phi}$	F
1	0.4	1.0	1.0	0.082	0.72
2	1.0	2.5	1.0	0.082	1.80
3	1.0	1.0	2.5	0.082	0.72
4	1.0	0.4	1.0	0.515	0.73
5	2.5	1.0	1.0	0.515	1.82
6	1.0	1.0	0.4	0.515	1.82

5.3.2　$\lambda_{c\phi}$ 增大的情况

分别改变 K_c，K_ϕ，K_γ，构造不同的 K_c，K_ϕ，K_γ 组合，使得 $\lambda_{c\phi}$ 不断增大，得到 $\lambda_{c\phi}$ 与安全系数 F 和滑动面的关系 (图 5-5、图 5-6、表 5-3 和表 5-4)。从中可以看出，当保持 ϕ 不变时，不断增大 c，或者减小 K_γ 时，使 $\lambda_{c\phi}$ 不断增大，F 发生相应变化，此时安全系数不断增大；边坡破坏模式由浅层破坏滑动为深层滑动，滑动面越来越缓，其上缘逐渐远离坡顶，滑体的体积逐渐增大。

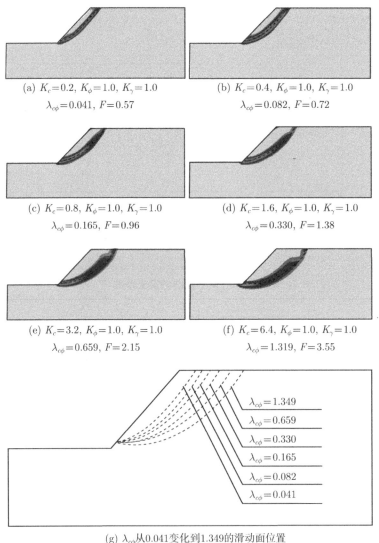

(a) $K_c=0.2$, $K_\phi=1.0$, $K_\gamma=1.0$
$\lambda_{c\phi}=0.041$, $F=0.57$

(b) $K_c=0.4$, $K_\phi=1.0$, $K_\gamma=1.0$
$\lambda_{c\phi}=0.082$, $F=0.72$

(c) $K_c=0.8$, $K_\phi=1.0$, $K_\gamma=1.0$
$\lambda_{c\phi}=0.165$, $F=0.96$

(d) $K_c=1.6$, $K_\phi=1.0$, $K_\gamma=1.0$
$\lambda_{c\phi}=0.330$, $F=1.38$

(e) $K_c=3.2$, $K_\phi=1.0$, $K_\gamma=1.0$
$\lambda_{c\phi}=0.659$, $F=2.15$

(f) $K_c=6.4$, $K_\phi=1.0$, $K_\gamma=1.0$
$\lambda_{c\phi}=1.319$, $F=3.55$

$\lambda_{c\phi}=1.349$
$\lambda_{c\phi}=0.659$
$\lambda_{c\phi}=0.330$
$\lambda_{c\phi}=0.165$
$\lambda_{c\phi}=0.082$
$\lambda_{c\phi}=0.041$

(g) $\lambda_{c\phi}$ 从0.041变化到1.349的滑动面位置

图 5-5　$\lambda_{c\phi}$ 增大时与安全系数 F 和滑动面的关系

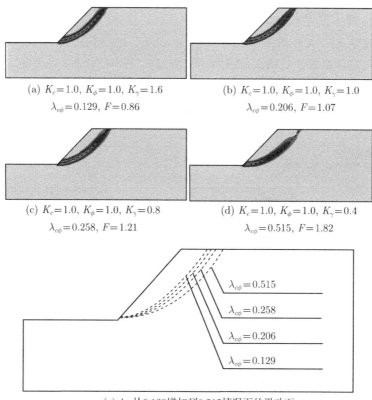

(a) $K_c=1.0$, $K_\phi=1.0$, $K_\gamma=1.6$
$\lambda_{c\phi}=0.129$, $F=0.86$

(b) $K_c=1.0$, $K_\phi=1.0$, $K_\gamma=1.0$
$\lambda_{c\phi}=0.206$, $F=1.07$

(c) $K_c=1.0$, $K_\phi=1.0$, $K_\gamma=0.8$
$\lambda_{c\phi}=0.258$, $F=1.21$

(d) $K_c=1.0$, $K_\phi=1.0$, $K_\gamma=0.4$
$\lambda_{c\phi}=0.515$, $F=1.82$

$\lambda_{c\phi}=0.515$
$\lambda_{c\phi}=0.258$
$\lambda_{c\phi}=0.206$
$\lambda_{c\phi}=0.129$

(e) $\lambda_{c\phi}$ 从 0.129 增加到 0.515 情况下的滑动面

图 5-6 $\lambda_{c\phi}$ 增大时与安全系数 F 和滑动面的关系

表 5-3 $\lambda_{c\phi}$ 增大情况下的安全系数 F

方案	K_c	K_ϕ	K_γ	$\lambda_{c\phi}$	F
1	0.2	1.0	1.0	0.041	0.57
2	0.4	1.0	1.0	0.082	0.72
3	0.8	1.0	1.0	0.165	0.96
4	1.6	1.0	1.0	0.330	1.38
5	3.2	1.0	1.0	0.659	2.15
6	6.4	1.0	1.0	1.319	3.55

表 5-4 $\lambda_{c\phi}$ 增大情况下的安全系数 F

方案	K_c	K_ϕ	K_γ	$\lambda_{c\phi}$	F
1	1.0	1.0	1.6	0.129	0.86
2	1.0	1.0	1.0	0.206	1.07
3	1.0	1.0	0.8	0.258	1.21
4	1.0	1.0	0.4	0.515	1.82

5.3.3　$\lambda_{c\phi}$ 减小的情况

　　分别改变 K_c, K_ϕ, K_γ, 构造不同的 K_c, K_ϕ, K_γ 组合, 使得 $\lambda_{c\phi}$ 不断减小, 得到 $\lambda_{c\phi}$ 与安全系数 F 和滑动面的关系 (图 5-7、表 5-5)。从中可看出, 保持黏结力和容重不变, 随着 ϕ 的增大, 安全系数不断增大。边坡滑动由深层滑动转变为浅层滑动, 滑动面越来越陡, 其趋势与黏结力的变化情况正好相反, 但此时 $\lambda_{c\phi}$ 不断减小, 因此, 可以看出单一 c 或 ϕ 无法表征滑动面位置, 其受到 c, ϕ, γ 三者组成的函数 $\lambda_{c\phi}$ 的影响, 并且 c 增大的程度、$\tan\phi$ 减小的程度和 γ 减小的程度对边坡滑动面位置的影响是等效。

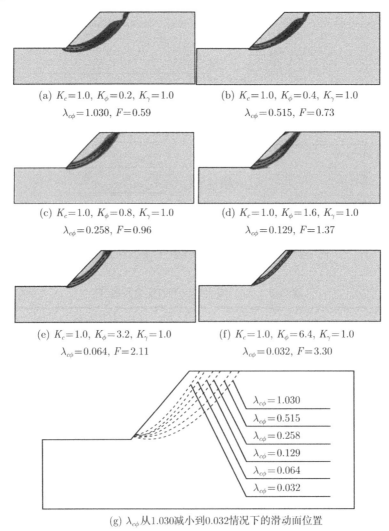

(a) K_c=1.0, K_ϕ=0.2, K_γ=1.0
$\lambda_{c\phi}$=1.030, F=0.59

(b) K_c=1.0, K_ϕ=0.4, K_γ=1.0
$\lambda_{c\phi}$=0.515, F=0.73

(c) K_c=1.0, K_ϕ=0.8, K_γ=1.0
$\lambda_{c\phi}$=0.258, F=0.96

(d) K_c=1.0, K_ϕ=1.6, K_γ=1.0
$\lambda_{c\phi}$=0.129, F=1.37

(e) K_c=1.0, K_ϕ=3.2, K_γ=1.0
$\lambda_{c\phi}$=0.064, F=2.11

(f) K_c=1.0, K_ϕ=6.4, K_γ=1.0
$\lambda_{c\phi}$=0.032, F=3.30

$\lambda_{c\phi}$=1.030
$\lambda_{c\phi}$=0.515
$\lambda_{c\phi}$=0.258
$\lambda_{c\phi}$=0.129
$\lambda_{c\phi}$=0.064
$\lambda_{c\phi}$=0.032

(g) $\lambda_{c\phi}$ 从1.030减小到0.032情况下的滑动面位置

图 5-7　$\lambda_{c\phi}$ 减小时与安全系数 F 和滑动面的关系

表 5-5 $\lambda_{c\phi}$ 减小情况下的安全系数 F

方案	K_c	K_ϕ	K_γ	$\lambda_{c\phi}$	F
1	1.0	0.2	1.0	1.030	0.59
2	1.0	0.4	1.0	0.515	0.73
3	1.0	0.8	1.0	0.258	0.96
4	1.0	1.6	1.0	0.129	1.37
5	1.0	3.2	1.0	0.064	2.11
6	1.0	6.4	1.0	0.032	3.30

5.4　土体抗剪强度参数反分析

在滑坡稳定性计算与工程设计中, 土体抗剪强度参数 c(黏结力) 和 ϕ(内摩擦角) 是滑坡稳定性分析和防治工程设计中十分重要却又难于确定的, 其取值方法大致有三类: 一是试验法 (现场或室内), 由于受试样和试验条件的限制, 试验结果离散性较大, 不具有代表性, 无法直接使用; 二是工程类比法, 该法受到类比滑坡客观条件的限制, 且有很强的主观性, 类比数据不够准确; 三是反分析方法, 假定滑坡体的状态, 利用极限平衡法进行抗剪强度反分析, 是滑坡稳定性计算的逆过程, 其避免了试验的复杂性和人为主观性, 得到的参数更符合滑坡的实际情况, 在没有试验参数的情况下, 可直接作为稳定性计算和工程设计的参数, 是目前最为实用的方法[50]。工程实际中最常用的土体抗剪强度参数反分析方法为单参数反分析[51], 即基于 Mohr-Coulomb 破坏准则, 假定其中一个强度参数, 在安全系数 $F=1$ 的基础上, 利用数学算法如模糊数学、遗传算法、模拟退火等, 反演另外一个强度参数[52,53]。这些方法具有一定的理论参考价值, 但实施过程较为复杂, 因此难以推广, 急需寻找更加简单方便的边坡强度参数反分析方法。

在实际工程中, 可直接测得滑动边坡的滑动面, 一些研究表明边坡的有效黏结力 c' 和有效内摩擦角 ϕ' 可通过已知均质边坡滑动面来确定[46]。在假设边坡为均质体的前提下, 若给定几何形状、容重和孔隙水压力, 边坡滑动面仅与 $c'/\tan\phi'$ 有关。Jiang 和 Yamagami[46] 指出, 对于任意处于极限状态的均质边坡, 若其滑动面一致, 则二者岩土体的抗剪强度参数 c, ϕ 也相同。在此基础上, 绘制了 $c'/\tan\phi'$ 值和滑动面最大深度 D 以及 ϕ' 在安全系数为 1 的情况下的关系图[47], 从而在已知孔隙水压力的情况下, 根据均质边坡滑动面的位置, 直接快速估算土体抗剪强度参数。Jiang 和 Yamagami[47] 的工作很有意义, 然而, 还存在一些可以改进的地方, 如在获取滑动面最大深度 D 时, 其采用的是人为对比边坡面和滑动面的距离, 选出最大深度的方法, 这种方法较为烦琐, 且无法得到精确的滑动面最大深度 D, 存在一定误差; 另外, 其仅进行了坡角较小情况下 ($\theta \leqslant 30°$) 的抗剪强度参数反分析研究, 而实际边坡的坡角往往大于该值。基于此, 本章推导严格的滑动面最大深度

D 的计算公式, 并绘制了大范围坡角 ($20° \leqslant \theta \leqslant 80°$) 下的 $c/\tan\phi$ 与 D, ϕ 的关系图, 使基于滑动面深度的边坡抗剪强度参数反分析方法得到更加广泛的应用。

5.4.1　边坡抗剪强度参数计算方法

在极限平衡方法中, 按照强度储备的安全系数定义[30], 可得边坡安全系数 F 如下:

$$F = \frac{c'}{c'_m} = \frac{\tan\phi'}{\tan\phi'_m} \tag{5-8}$$

其中, $c'_m = c'/F$, $\phi'_m = \arctan(\tan\phi'/F)$ 分别为边坡极限状态下的黏结力和内摩擦角。

在均质边坡形状、容重、孔隙水压力给定的情况下, 即使不同强度参数组合 (c', ϕ'), 只要 $c'/\tan\phi'$ 为定值, 滑动面位置不变。例如, 对强度参数同乘以一个常数 ω, $c'_2 = \omega c'_1$, $\phi'_2 = \arctan(\omega\tan\phi'_1)$, 由式 (5-8) 得 $F_2 = \omega F_1$, 但边坡滑动面依然保持同一位置, 且存在以下关系:

$$\frac{c'_1}{F_1} = \frac{c'_2}{F_2} \tag{5-9}$$

$$\frac{\tan\phi'_1}{F_1} = \frac{\tan\phi'_2}{F_2} \tag{5-10}$$

为了定性描绘圆弧滑动面位置, 作者引入滑动面最大深度参数 D(图 5-8), 其中, H_0 为边坡高度。对于圆弧滑动面, 该值可确定滑动面的位置。

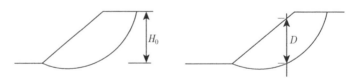

图 5-8　滑动面最大深度参数 D 示意图

为了简化问题, 本章暂不考虑孔隙水压力 u 的影响, 假定 $u = 0$, 则有 $c' = c$, $\phi' = \phi$。为了便于绘制强度参数反分析关系图, 对抗剪强度参数进行无量纲化[36], 引入如下参数

$$\lambda_{c\phi} = \frac{c}{\gamma H_0 \tan\phi} \tag{5-11}$$

式中, γ 为土体容重。

由第 4 章的计算与分析可知, 滑动面位置仅与 $\lambda_{c\phi}$ 有关, 即 D 与 $\lambda_{c\phi}$ 存在对应关系。为了建立 D 与 $\lambda_{c\phi}$ 的关系, 本章设置了 4160 组瑞典条分法计算方案, 计算中恒定容重 γ 为 19.8kN/m³, 分别改变边坡高度 H_0 于 10~40m, 梯度 10m; 坡角 θ 变化于 20° ~80°, 梯度 5°; 内摩擦角 ϕ 变化于 5° ~40°, 梯度 5°; 黏结力 c 变

化于 $10\sim100$ kPa，梯度 10kPa，得到各边坡滑动面圆心坐标 (x_0, y_0)，圆心半径 R，安全系数 F，并加以记录。

5.4.2 圆弧滑动面最大深度 D 值推导公式

采用瑞士条分法分析均质边坡的稳定性，建立计算模型如图 5-9 所示，其中，θ 为边坡角。考虑到计算范围对安全系数计算结果的影响，设置边坡高度为 H_0，坡肩到右边界的距离为 $2H_0$，坡脚到左边界的距离为 $1.5H_0$，坡脚到下边界的距离为 $1.0H_0$。

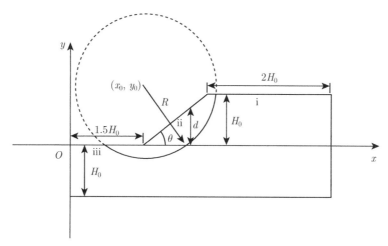

图 5-9 边坡计算模型及 D 值推导示意图

假设边坡滑动面为圆弧，如图 5-9，其滑动面方程为

$$(x - x_0)^2 + (y - y_0)^2 = R^2 \tag{5-12}$$

式中，x_0，y_0 为圆弧的圆心；R 为圆弧半径。

利用本章计算得到的结果 y_0 与坡高 H_0 进行对比，发现绝大多数情况下 $y_0 > H_0$，从而可得滑动面的纵坐标为

$$y_1 = y_0 - \sqrt{R^2 - (x - x_0)^2}, \quad x \in (x_0 - R, x_0 + R) \tag{5-13}$$

边坡面纵坐标为

$$y_2 = x\tan\theta - 1.5H_0\tan\theta, \quad x \in (1.5H_0, H_0/\tan\theta + 1.5H_0) \tag{5-14}$$

根据边坡的圆弧滑动模式可知，滑动面与坡顶面 i 的最大距离，以及滑动面与坡脚面 iii 的最大距离，均小于滑动面与边坡面 ii 的最大距离，因此，只需寻找滑

动面与边坡面 ii 距离 d 的最大值, 即为滑动面的最大深度 D, 此时

$$d = y_2 - y_1 = \tan\theta x - 1.5H_0\tan\theta - (y_0 - \sqrt{R^2 - (x - x_0)^2}) \tag{5-15}$$

对 d 偏导

$$\frac{\partial d}{\partial x} = \tan\theta - \frac{x - x_0}{\sqrt{R^2 - (x - x_0)^2}} \tag{5-16}$$

由 $\dfrac{\partial d}{\partial x} = 0$, 解出

$$x_1 = x_0 + R\sin\theta, \quad x_2 = x_0 - R\sin\theta \tag{5-17}$$

对 d 进行二次偏导

$$\frac{\partial^2 d}{\partial x^2} = -\left[R^2 - (x - x_0)^2\right]^{-\frac{3}{2}}(x - x_0)^2 - \left[R^2 - (x - x_0)^2\right]^{-\frac{1}{2}} < 0 \tag{5-18}$$

可知 d 在 x_1 和 x_2 均取极大值。

而边坡中取极大值时 x 的范围为

$$x \in \left[\max\left(x_0 - R, 1.5H_0\right), \min(H_0/\tan\theta + 1.5H_0, x_0 + R)\right] \tag{5-19}$$

将计算结果代入, $x_0 + R\sin\theta$, $x_0 - R\sin\theta$, $1.5H_0$, $H_0/\tan\theta + 1.5H_0$ 和 $x_0 + R$, 可得

1) 当 $\theta \leqslant 40°$ 时,

$$0 < x_0 - R\sin\theta < 1.5H_0 < x_0 + R\sin\theta < H_0/\tan\theta + 1.5H_0 < x_0 + R \tag{5-20}$$

所以, d 在 $x = x_0 + R\sin\theta$ 处取极大值, 得

$$D = x_0\tan\theta + R\sin\theta\tan\theta - 1.5H_0\tan\theta - y_0 + R\cos\theta \tag{5-21}$$

2) 当 $40° < \theta < 50°$ 时, 存在两种情况:

(1) $0 < x_0 - R\sin\theta < 1.5H_0 < x_0 + R\sin\theta < H_0/\tan\theta + 1.5H_0 < x_0 + R \tag{5-22}$

此时, d 在 $x = x_0 + R\sin\theta$ 处取极大值, 得

$$D = x_0\tan\theta + R\sin\theta\tan\theta - 1.5H_0\tan\theta - y_0 + R\cos\theta \tag{5-23}$$

(2) $0 < x_0 - R\sin\theta < 1.5H_0 < H_0/\tan\theta + 1.5H_0 < x_0 + R\sin\theta < x_0 + R \tag{5-24}$

此时, d 在 $x = 1.5H_0 + H_0/\tan\theta$ 取极大值, 得

$$D = H_0 - y_0 + \sqrt{R^2 - (1.5H_0 + H_0/\tan\theta - x_0)^2} \qquad (5\text{-}25)$$

3) 当 $\theta \geqslant 40°$ 时,

$$0 < x_0 - R\sin\theta < 1.5H_0 < H_0/\tan\theta + 1.5H_0 < x_0 + R\sin\theta < x_0 + R \qquad (5\text{-}26)$$

因此, d 在 $x = 1.5H_0 + H_0/\tan\theta$ 取极大值, 得

$$D = H_0 - y_0 + \sqrt{R^2 - (1.5H_0 + H_0/\tan\theta - x_0)^2} \qquad (5\text{-}27)$$

对上述推导, 进行进一步分析和讨论如下:

(1) 存在一上限临界角 $50°$, 当坡角大于或等于上临界角时, 恒有 $1.5H_0 + H_0/\tan\theta < x_0 + R\sin\theta$, d 在 $x = 1.5H_0 + H_0/\tan\theta$, 即坡肩处取极大值;

(2) 存在一下限临界角 $40°$, 当坡度小于下临界角时, 恒有 $1.5H_0 + H_0/\tan\theta > x_0 + R\sin\theta$, d 在 $x = x_0 + R\sin\theta$, 即坡面上取极大值;

(3) 当坡角在上下临界角之间时, d 可能在 $x = x_0 + R\sin\theta$ 处取极大值, 也可能在 $x = 1.5H_0 + H_0/\tan\theta$ 处取极大值。在坡角、高度、黏结力恒定条件下, 内摩擦角越大, d 取最大值对应的 x 值越接近 $1.5H_0 + H_0/\tan\theta$。

5.4.3 $\lambda_{c\phi}$ 与滑动面位置的关系

利用上述计算结果以及式 (5-9)、式 (5-10), 将边坡黏结力 c 和内摩擦角 ϕ 变换为极限状态的黏结力和内摩擦角。以坡角 $\theta = 30°$ 为例, 绘制滑动面位置与无量纲 $\lambda_{c\phi}$ 之间的关系图 (图 5-10～图 5-12), 从中可以看出, 随着 $\lambda_{c\phi}$ 增大, 边坡破坏模式从浅层滑动逐渐向深层滑动过渡, 相应的滑动面最大深度 D 也逐渐增大。在

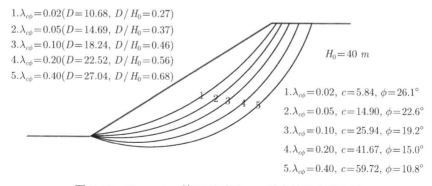

$1.\lambda_{c\phi}=0.02(D=10.68, D/H_0=0.27)$
$2.\lambda_{c\phi}=0.05(D=14.69, D/H_0=0.37)$
$3.\lambda_{c\phi}=0.10(D=18.24, D/H_0=0.46)$
$4.\lambda_{c\phi}=0.20(D=22.52, D/H_0=0.56)$
$5.\lambda_{c\phi}=0.40(D=27.04, D/H_0=0.68)$

$H_0 = 40\ m$

$1.\lambda_{c\phi}=0.02, c=5.84, \phi=26.1°$
$2.\lambda_{c\phi}=0.05, c=14.90, \phi=22.6°$
$3.\lambda_{c\phi}=0.10, c=25.94, \phi=19.2°$
$4.\lambda_{c\phi}=0.20, c=41.67, \phi=15.0°$
$5.\lambda_{c\phi}=0.40, c=59.72, \phi=10.8°$

图 5-10 $H_0 = 40m$ 情况下不同 $\lambda_{c\phi}$ 对应的滑动面位置

计算误差允许的范围内，当 $\lambda_{c\phi}$ 一定时，D/H_0 和 ϕ 均不发生变化，即 D/H_0 和 ϕ 可由 $\lambda_{c\phi}$ 唯一确定，不随边坡高度而变化。

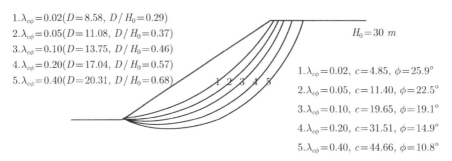

图 5-11　$H_0=30\text{m}$ 情况下不同 $\lambda_{c\phi}$ 对应的滑动面位置

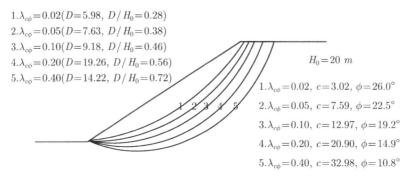

图 5-12　$H_0=20\text{m}$ 情况下不同 $\lambda_{c\phi}$ 对应的滑动面位置

5.4.4　图表绘制与分析

绘制边坡极限状态下，不同 $\lambda_{c\phi}$ 值对应的坡角 θ 与 D/H_0 关系图如图 5-13 所示。从中可以看出，随着 θ 的增大，D/H_0 呈现先减小后增大的趋势，并且该趋势的变化发生在区间 $\theta \in (40°, 50°)$ 中，从而验证了上述关于存在上限坡角和下限坡角的讨论。因此，可将边坡角 θ 分为三个区域（$\theta \leqslant 40°$，$40° < \theta < 50°$，$50° \leqslant \theta$），绘制相应的 $\lambda_{c\phi}$-D/H_0 关系图（图 5-14～图 5-16），以及 $\lambda_{c\phi}$-ϕ 关系图 5-17。从中可以看出，$\lambda_{c\phi}$-D/H_0 关系图在坡角 $\theta \leqslant 40°$ 和 $\theta \geqslant 50°$ 时较为规则，可通过插值方法得到其他坡角对应的 $\lambda_{c\phi}$-D/H_0 关系，进而反分析计算边坡抗剪强度参数。而坡角 $40° < \theta < 50°$ 时，由于 d 取极大值对应的横坐标位置存在两种情况，$\lambda_{c\phi}$-D/H_0 关系曲线出现重合交叉，无法进行插值分析。因此，作者建议采用平均值即坡角 $\theta = 45°$ 对应的 $\lambda_{c\phi}$-D/H_0 关系曲线替代 $40° < \theta < 50°$ 范围内的曲线。

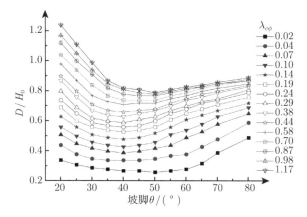

图 5-13 θ-D/H_0 关系曲线图

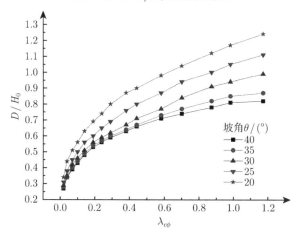

图 5-14 $\lambda_{c\phi}$-D/H_0 曲线图 ($\theta \leqslant 40°$)

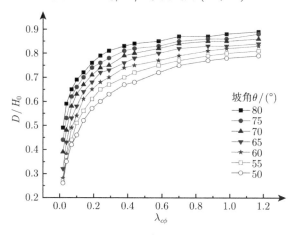

图 5-15 $\lambda_{c\phi}$-D/H_0 曲线图 ($\theta \geqslant 50°$)

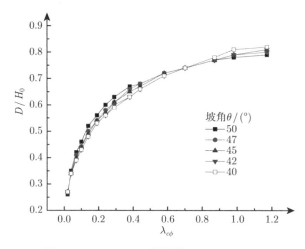

图 5-16　$\lambda_{c\phi}$-D/H_0 曲线图 ($40° < \theta < 50°$)

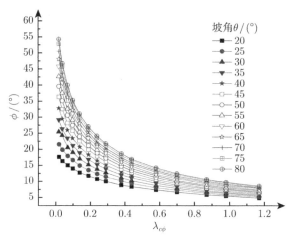

图 5-17　$\lambda_{c\phi}$-ϕ 曲线图

　　根据以上分析, 便可进行均质边坡参数反分析。通过圆弧滑动面和边坡形状, 找出滑动面圆心坐标, 计算出滑动面最大深度 D 值, 得到 D/H_0 值; 利用图 5-14~图 5-16, 查出对应的 $\lambda_{c\phi}$, 利用 $\lambda_{c\phi}$ 与 ϕ 的关系图 5-17, 查出对应边坡极限状态的内摩擦角 ϕ; 然后, 通过式 (5-11) 算出黏结力 c。当安全系数 F 不等于 1 时, 可利用反分析得到的极限状态的强度参数, 通过式 (5-9)、式 (5-10) 求解出实际的内摩擦角 ϕ、黏结力 c。

5.4.5　参数反分析方法的数值计算验证

　　为了验证本章上述的分析结果, 建立均质边坡数值计算模型, 如图 5-18 所示,设定相关参数为黏结力 c=40.0kPa, 内摩擦角 ϕ =20°, 容重 γ=19.8kN/m³, 孔隙水压力 $u = 0$, 计算得到 $\lambda_{c\phi}$=0.28。运用强度折减法计算边坡安全系数 F=1.68, 根据 Wei 和 Cheng[54] 的工作, 可采用剪应变率作为边坡的滑动面, 如图 5-19 所示。然后, 假定安全系数 F=1.68 已知, 边坡强度参数 c 和 ϕ 未知, 运用上述反分析方法确定边坡抗剪强度参数, 并与设定参数进行对比, 以验证本章方法的正确性。

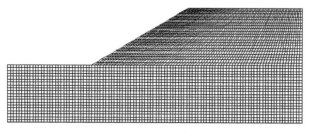

图 5-18 边坡数值计算模型

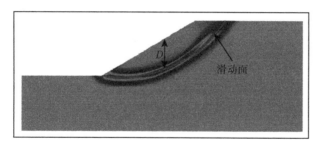

图 5-19 数值计算结果

根据数值计算结果 (图 5-19), 可得到滑动面最大深度 D=12.30m, 而 H_0=20m, 则 D/H_0=0.615, 从图 5-14 中读出 D/H_0=0.615 对应的 $\lambda_{c\phi} \approx 0.27$, 与实际值 0.28 十分接近; 从图 5-17 中读出在 θ= 30° 曲线中 $\lambda_{c\phi}$=0.27 对应的 ϕ =12.8°; 运用式 (5-8)、式 (5-10) 计算出 F=1.68 时对应的抗剪强度参数: $\phi = \arctan[\tan 12.8° \times (1.68/1)] = 20.88°$, 式 (5-11) 计算出 $c = \lambda_{c\phi}\gamma H_0 \tan\phi$=40.8, 与之前设定 c=40.0kPa, ϕ=20.0° 相差均小于 5%, 从而验证本章均质边坡参数反分析方法的正确性。

第6章　考虑锚杆支护情况下的边坡强度折减法

6.1　引　言

本章主要探讨锚杆支护情况下，强度折减法的实施情况。全长注浆锚杆因施工简单、成本较低，在边坡工程中得到广泛应用。锚杆加固边坡时，依赖其与周围岩土体之间的相互作用传递锚杆拉力，使岩土体自身得到加固，并限制其变形发展，改善岩土体的力学参数及应力状态，以保持稳定。由于锚杆荷载传递机理非常复杂，至今在锚杆设计中仍假设侧阻力分布模式为均匀分布，但大量实测结果表明，按照均匀分布模式计算是不合理的。数值分析中的微元体均满足经典力学理论，通过对这些微元体的积分效应，使其能够模拟锚杆加固大型边坡过程中的力学和变形特征。本书第4章分析了锚杆支护情况下对边坡岩土体弹性模量的影响，但未阐述强度折减法的实施情况，也未考虑锚杆参数的影响，因此本章利用双弹簧锚杆单元，通过 FLAC^{3D} 建立数值模型，在计算过程中实施强度折减法，并分析锚杆长度变化对边坡安全系数和滑动面的影响，以及相同工程造价下，锚杆布设方式如倾角、布设位置和布设形式对边坡稳定性的影响，探讨边坡锚固机理以及锚杆的荷载传递机理。

6.2　数值模型与方法

某公路边坡高 10m，倾角 45°，拟开挖成坡高 10m，倾角为 75° 的边坡，开挖方式采用分台阶开挖工艺，台阶高度 2m。按照平面应变建立计算模型，模型共1130 个单元，2412 个节点，如图 6-1 所示。土体采用同时考虑拉伸和剪切破坏的

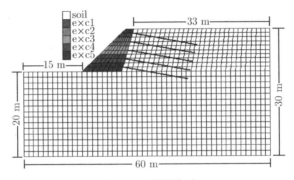

图 6-1　数值模型

Mohr-Coulomb 准则，初始应力场按自重应力场考虑，参数见表 6-1。计算过程中，假设开挖完毕到锚杆施加的时间为锚杆加固到稳定阶段时间的 1/4，以模拟开挖完毕较短时间内即进行锚杆支护的工况。

表 6-1 边坡的物理力学参数

材料	厚度/m	容重/(kN/m³)	弹性模量/MPa	泊松比	黏结力/kPa	内摩擦角/(°)
填土	2	16	10	0.3	20	18
可塑状土	10	17	20	0.3	22	22
硬塑状土	8	19	40	0.3	32	24
强风化岩	10	22	200	0.2	200	30

锚杆参数为：弹性模量 200GPa，泊松比 0.25，截面积 706.5mm²，周长 314mm，内摩擦角 25°，黏结刚度 1.0×10^9N/m²，砂浆黏结力 15kPa，锚杆倾角 10°，具体布置位置如图 6-1 所示。边界条件为下部固定，左右两侧水平约束，上部为自由边界；计算收敛准则为不平衡力比例满足 10^{-5} 的求解要求；采用强度折减法计算整体安全系数，由于锚杆是作为外力施加在岩土体上，因此在计算过程中对其参数不进行折减，只折减边坡岩土体的材料；以计算是否收敛作为边坡失稳的判据，以第 4 章的滑动面确定方法来表征滑动面。

6.3 锚杆长度的影响

6.3.1 锚杆长度与安全系数的关系

图 6-2 表示锚杆长度对边坡安全系数的影响，从图中可以看出，锚杆长度越长

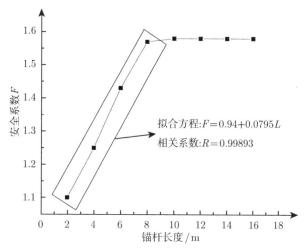

图 6-2 安全系数和锚杆长度的关系

边坡越安全,但达到一定长度后,锚杆长度增加起不到明显的效果。说明对于注浆锚杆加固边坡工程中,存在一有效锚固长度 L_{eff}。本书计算的模型中,对应的有效长度为 8m 左右;从图中可以看出,有效长度内边坡的安全系数和锚杆长度 L 之间的关系可用线性方程进行拟合,其相关系数为 0.99893,说明两者较好地符合线性关系。在各区间段中,L 位于 4~6m 时,曲线的斜率最大,说明该区间内相同的锚固长度增量 ΔL 能够最大幅度地提高边坡安全系数;另外,通过试算,分别改变锚杆倾角于 $[5°, 20°]$,得到有效锚固长度均为 8m,说明锚杆倾角对于有效锚固长度的影响较小。

　　一般认为,有效锚固长度取决于锚固体与孔壁间的表面摩阻力,平均表面摩阻力随着锚杆长度的增加而减小,因此,当锚杆长度达到有效锚固长度时,继续增加 L,整体锚固力并没有明显增加,边坡的整体安全系数也无法得到提高。本书通过数值计算,得到边坡在未受扰动原始状态下和由于外界扰动 (如降雨、爆破等) 岩土参数劣化达到临界状态时,整体锚固力和锚杆长度的关系,如图 6-3 所示。从图中可以看出,随着锚杆长度的增加,整体锚固力不断增大,并不像安全系数与锚杆长度的关系,因此,不适合采用整体锚固力解释有效锚固长度。

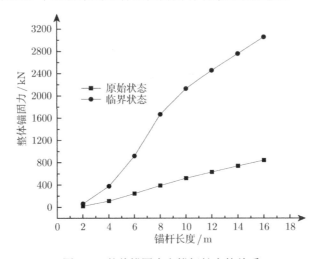

图 6-3　整体锚固力和锚杆长度的关系

6.3.2　锚杆长度与滑动面的关系

　　图 6-4 显示锚杆长度对滑动面的影响。从图中可以看出,随着锚杆长度的增加,边坡潜在滑动面逐渐往坡内移动,破坏模式由浅层滑动变为深层滑动;当长度 L 较小时,相同的锚杆长度增量 ΔL 引起滑动面位置的变化较少,如 $L=2$m 和 $L=0$m 对应的滑动面基本相同;当 L 增大后,相同的 ΔL 引起滑动面位置的变化较大,如 2m,4m,6m 锚杆;但 $L=8$m 时,边坡的滑动面位置并不延续之前的趋

势,而是发生突变,迅速靠近坡面,由原先的深层滑动面转变为浅层滑动面,这是由于锚杆加入土体时,与土体形成筋土复合结构,大大提高土体的抗滑能力,因此边坡的滑动面逐渐往坡内移动;但当锚杆长度达到一定程度时,复合体的范围较大,此时向内移动的滑动面安全系数大于临坡面的滑动面安全系数,从而使边坡的临界滑动面转移到临坡面位置。可见,有效锚固长度同时取决于锚杆受力情况和边坡岩土体的受力滑动机制。为了进一步探讨边坡的锚固机理,对加固过程中,锚杆轴力的分布情况进行分析。

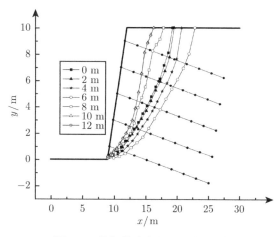

图 6-4　锚杆长度与滑动面的关系

6.3.3　加固中锚杆受力分析

以第一层锚杆为例,分析轴力与锚杆长度之间的关系,如图 6-5 所示。当 $L=2m$

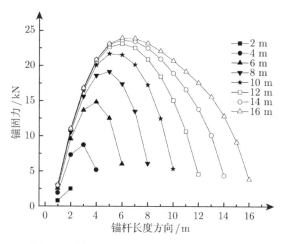

图 6-5　第一层锚杆轴力与锚杆长度的关系

时，轴力沿锚杆呈现不断增大的趋势；当 $L > 2$m 时，轴力沿锚杆呈现先增大后减小的趋势；随着锚杆长度的增加，锚杆轴力的最大值不断增大，但相同的锚杆长度增量 ΔL 引起的轴力增量 ΔP 逐渐减小，各曲线在峰值前的部分基本重合；随着锚杆长度的增加，不同工况下锚杆轴力最大值位置见表 6-2，可见，轴力峰值对应的位置不断增加，并最终趋于距离锚头 6m 处位置。

表 6-2　轴力最大位置与锚杆长度的关系

锚杆长度/m	2	4	6	8	10	12	14	16
轴力最大位置/m	2	3	4	5	6	6	6	6

　　边坡开挖完毕，处于运作状态时，各层锚杆轴力沿长度的分布是不均匀的，如图 6-6 所示。另外，从实际工程中也容易发现，当边坡发生变形时，各个部分的变形量是不同的，从而引起锚杆相应部位的位移不一，因此，其轴力分布也不均匀；但在极限平衡法中，均假设锚杆轴力沿长度方向均匀分布，可见在实际工程中采用这种方法分析锚固的加固效果将带来一定误差。从图 6-6 中还可看出，锚杆轴力一般表现为中间大而两边小的规律。第一层~第四层锚杆轴力的最大值差别不大，但位置逐渐靠近锚头，这是由于边坡的潜在滑动面靠近这些位置，潜在滑动面的剪切滑移引起锚杆拉力达到最大值。

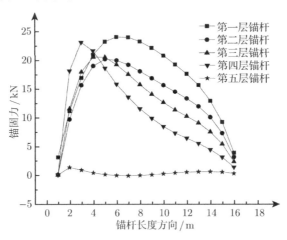

图 6-6　原始状态锚杆轴力分布

　　对比边坡原始状态和临界状态 (图 6-7) 锚杆的轴力分布图，可以看出原始状态锚杆受力变化较为平滑，而临界状态下锚杆不同部位受力存在较大差别，曲线存在明显尖点，这种情况下锚杆更容易被拉断。另外，临界状态下，最大轴力值出现在第四层锚杆，并且第五层锚杆轴力比原始状态下的明显增大，说明边坡在外界扰动下，对底层锚杆受力的影响最大。因此，实际工程中不可任意减少底层锚杆的长度,对于有使用荷载作用的永久性锚杆支护边坡,必要时应适当加长底层锚杆长度。

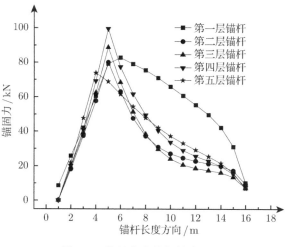

图 6-7 临界状态锚杆轴力分布

6.4 倾角和锚杆位置的影响

6.4.1 锚杆倾角的影响

分别计算锚杆长度为 4m,6m,8m 情况下,锚杆倾角与安全系数的关系,得到图 6-8。从中可以看出,随着锚杆倾角的增大,三种工况下边坡的安全系数均呈现

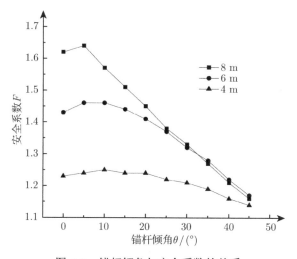

图 6-8 锚杆倾角与安全系数的关系

先增大后减小的趋势, 说明对于锚固边坡, 存在最优锚固角, 对于分析的工况分别为 5°, 8°, 10°; 可见, 最优锚固角随锚杆长度的增加而逐渐增大, 但幅度不大, 因此一般边坡锚固工程中, 可采用 10° 左右的锚杆倾角; 从 FLAC^{3D} 计算结果中也可以看出, 在边坡开挖后最小主应力方向与水平方向接近, 产生的水平位移较大, 不利于边坡的稳定性, 所以锚杆设置在水平位置或者接近水平位置约束了水平位移, 有利于稳定性。当锚杆倾角偏离主应力方向继续增大, 对边坡横向变形的约束作用减弱, 以至逐渐降低。另外, 锚杆倾角超过最优锚固角后, 边坡的安全系数与锚杆倾角基本符合线性关系, 对三种曲线进行拟合, 得到表 6-3, 从中可以看出, 锚杆长度越长拟合的相关系数越大, 两者的关系越符合线性情况。

表 6-3　锚杆倾角与安全系数的线性拟合

锚杆长度/m	拟合方程	相关系数 R
4	$F = 1.27667 - 0.002667\theta$	0.93505
6	$F = 1.5675 - 0.0085\theta$	0.99138
8	$F = 1.69429 - 0.01219\theta$	0.99948

　　图 6-9 显示锚杆长度为 6m 和 8m 情况下, 锚杆倾角与滑动面的关系。从中可以看出, 对于 6m 长锚杆, 滑动面先向坡内移动, 然后向坡面移动; 对于 8m 长锚杆, 随着锚杆倾角的增大, 边坡滑动面逐渐往坡面移动, 滑动面逐渐变陡, 不利于边坡稳定。另外, 倾角变化过程中, 锚杆轴力与倾角之间的关系如图 6-10 所示。从中可以看出, 锚杆轴力沿杆体呈现先增大后减小的趋势, 最大值均出现在锚杆体中间; 并且随着锚杆倾角的增大, 锚固力逐渐减小, 对边坡的支护作用减小, 因此对应的边坡安全系数也逐渐减小。

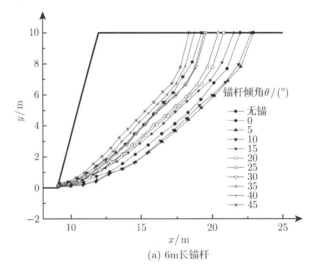

(a) 6m 长锚杆

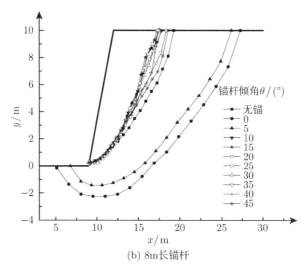

(b) 8m长锚杆

图 6-9 锚杆倾角与滑动面的关系

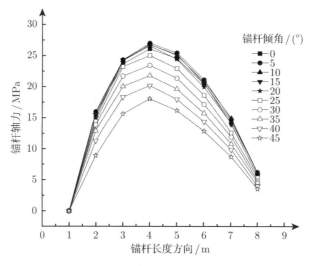

图 6-10 不同倾角下锚杆轴力分布

6.4.2 锚杆位置的影响

在边坡中只布设一层锚杆,锚杆倾角取 10°,变化锚杆长度于 4~10m,得到不同锚杆布设位置和安全系数的关系,如图 6-11 所示。从中可以看出,随着锚杆的下移,边坡的安全系数呈现先增大后减小的趋势,当锚杆布设位置在坡面中下部位置时得到的安全系数最大,但对于不同长度的锚杆系统,最大安全系数出现的位置并不相同,如 6~10m 锚杆支护情况下最大安全系数出现在布设位置 3 处,而 4m 锚杆支护情况下最大安全系数出现在布设位置 4 处；锚杆处于位置 5 时，4~10m 锚杆得到的安全系数均为 1.08，这是由于此时锚杆位于滑动面的底部，如图 6-12 所示，4m 长度的锚杆即可穿过滑动面，增加锚杆长度并不能提高安全系数，因此 4m 锚杆和 10m 锚杆的效果相同。这里提到的位置 1~5 分别对应图 6-1 中从上到下的 5 个位置。

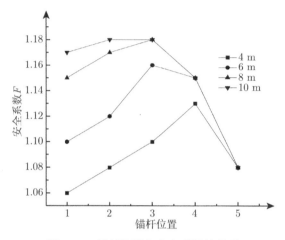

图 6-11　锚杆位置和安全系数的关系

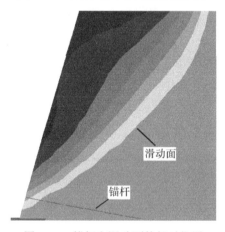

图 6-12　锚杆和滑动面的相对位置

6.5　锚杆布设方式的影响

6.5.1　计算模型

选取边坡计算模型尺寸为边坡高度 20m，坡角 59°，按照平面应变问题建立数值模型。由于模型边界对计算结果存在一定影响,选取 $L/H=1.5$,$L=30$m,$R/H=2.5$,$R=50$m,$B/H=1$,$B=20$m,其中,H 为坡高,L 为坡脚到左端边界的距离,R 为坡顶到右端边界的距离,B 为坡底到底端边界的距离,模型尺寸比例如图 6-13 所示。同时考虑计算精度以及计算耗时,取网格单元以 1m 为划分单位。建立 FLAC³D 数值模型如图 6-14,整个模型分三个部分建立,模型共包含 3080 个单元,6426 个节点。

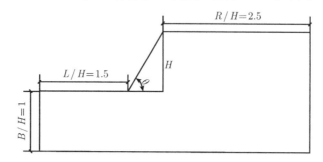

图 6-13 边坡边界范围比例示意图

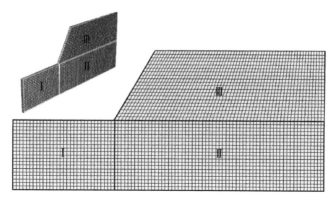

图 6-14 FLAC³D 边坡计算模型

模型边界约束条件为下部固定,侧向受水平约束,上部为自由边界。土体破坏符合 Mohr-Coulomb 准则,初始应力场按自重应力场考虑。计算过程中若不平衡力比例 (节点平均内力与最大不平衡力的比值) 小于 10^{-5} 即认为计算系统达到平衡状态。边坡土体参数为弹性模量 $E=100$MPa,泊松比 $\mu=0.3$,容重 $\gamma=20$ kN/m³,黏结力 $c=40$ kPa,内摩擦角 $\varphi=18°$。在未进行任何支护情况下,可计算得到边坡安全系数为 0.96。

在距坡顶竖向距离 2m 处打入第一层锚杆,自上而下共打入 9 层锚杆。为了分析锚杆用量不变情况下,锚杆的布设形式对边坡稳定性的影响,保持 9 层锚杆总长度为 72m,各层锚杆以 8m 为长度标准进行增减,设置锚杆倾角为 10°,竖向间距 2m。若锚杆为等长布置时,通过计算得到锚杆的有效锚固长度为 20m,因此在设计计算方案中，锚杆的长度变化范围均小于有效锚固长度。计算方案分为三类：锚杆长度单调变化形式、锚杆长度长短相间形式、锚杆长度上下对称分布形式。

6.5.2　锚杆长度单调变化形式

锚杆长度单调变化分为单调递增和单调递减两种形式，在保证锚杆总长度不变的情况下，将标准锚杆设置在边坡中部位置，分别以 1m，1.5m，2m 的幅度变化锚杆长度，计算不同情况下边坡所对应的安全系数，并进行分析比较。

1. 锚杆长度递减型

表 6-4 所示为锚杆布置形式简图及三种不同锚杆组合方式下所对应的安全系数，以及不同方案对应位置锚杆的长度。由表 6-4 可以看出，当锚杆的长度递减时，改变锚杆的初始长度 (第一层锚杆长度) 和变化幅度，三种方案下边坡安全系数变化不大，但也呈现逐渐增大趋势，同时由图 6-15 可以观察到，边坡潜在滑动面的位置逐渐向坡内发展。这种情况跟锚杆初始长度及锚杆长度改变值有关，由于初始锚杆长度较长，边坡中上部锚杆长度较长，对边坡的影响较大，说明该边坡锚杆加固时存在最优初始长度值和长度改变值。

表 6-4　锚杆长度递减形式相关参数及安全系数

布置形式	布置简图	方案	锚杆组合	安全系数	对应位置锚杆长度
长度递减型		1	12(1.0)	1.01	12, 11, 10, 9, 8, 7, 6, 5, 4
		2	14(1.5)	1.02	14, 12.5, 11, 9.5, 8, 6.5, 5, 3.5, 2
		3	16(2.0)	1.05	16, 14, 12, 10, 8, 6, 4, 2, 0

注：锚杆组合中括号前数字为第一层锚杆长度，括号中数字为锚杆递减长度，单位为 m。

为了进一步分析所有锚杆位置与边坡潜在滑动面的定量关系，如图 6-15 所示，以边坡坡脚为坐标原点，以边坡右侧方向为 x 轴，竖直方向为 y 轴，建立图 6-16 直角坐标系。通过自编程序取出边坡滑动面上点的坐标并记录下来，利用二次多项式对滑动面曲线进行拟合，得到相应拟合方程。而锚杆位置采用线性方程表示，通过计算可得到锚杆端部的位置坐标。同时联立锚杆及滑动面的位置方程可以求出二者的交点。计算锚杆端部与交点间的距离，即可得到锚杆沿其打入土体方向穿过 (或未穿过) 边坡滑动面的长度，从而确定锚杆与边坡滑动面具体的位置关系，分析二者相互作用的范围，得到不同位置锚杆对边坡稳定性的影响。

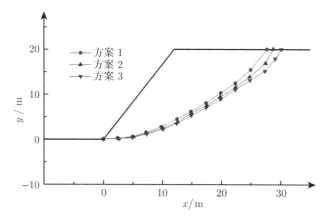

图 6-15 锚杆长度递减形式与滑动面位置关系

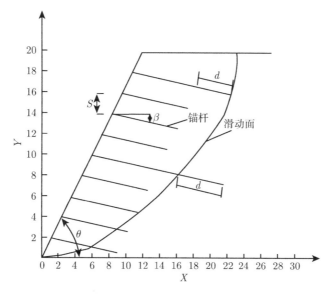

图 6-16 边坡及锚杆坐标图

注: d 表示锚杆沿其打入方向穿过 (或未穿过) 滑动面的距离。

按图 6-16 建立坐标系, 可得边坡相应位置锚杆的线性方程及长度递减型锚杆加固边坡滑动面相应边坡拟合方程, 第 i 层锚杆位置方程为

$$y - y_0 + i \cdot s + x \tan \beta - x_0 \tan \beta + i \cdot s \cdot \tan \beta \cdot \cot \theta = 0 \qquad (6\text{-}1)$$

式中, (x_0, y_0) 为坡顶坐标; β 为锚杆倾角; s 为锚杆竖向间距; θ 为边坡倾角。

对滑动面位置进行拟合, 可得拟合方程:

方案 1
$$Y = 0.07667 + 0.02707X + 0.02493X^2 \qquad (6\text{-}2)$$

方案 2
$$Y = 0.05695 + 0.0543X + 0.02221X^2 \qquad (6\text{-}3)$$

方案 3
$$Y = 0.01517 + 0.05331X + 0.02042X^2 \qquad (6\text{-}4)$$

其中，$0 \leqslant X$ 且 $Y \leqslant 20$。

如图 6-17 所示，拟合后曲线与边坡滑动面位置基本一致，计算求出各层锚杆端部穿过 (或未穿过) 滑动面的长度，结果见表 6-5，其中包括锚杆长度、起始点及终止点位置，穿过滑动面锚杆长度等信息。

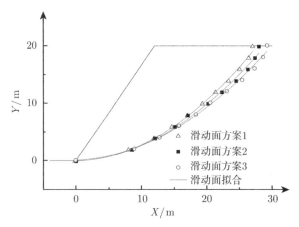

图 6-17　锚杆长度递减形式边坡滑动面拟合图

表 6-5　三种方案锚杆终端与滑动面位置关系

方案 1

安全系数 1.01	锚杆倾角 10°	锚杆位置				穿过滑动面长度 ("−" 为穿过;
锚杆编号	锚杆长度	起点 X	起点 Y	终点 X	终点 Y	"+" 为未穿过)
1	12	10.8	18	22.62	15.92	2.74
2	11	9.60	16.00	20.43	14.09	3.04
3	10	8.40	14.00	18.25	12.26	3.34
4	9	7.20	12.00	16.06	10.44	3.59
5	8	6.00	10.00	13.88	8.61	3.69
6	7	4.80	8.00	11.69	6.78	3.62
7	6	3.60	6.00	9.51	4.96	3.26
8	5	2.40	4.00	7.32	3.13	2.57
9	4	1.20	2.00	5.14	1.31	1.14

方案 2

安全系数 1.02	锚杆倾角 10°	锚杆位置				穿过滑动面长度 ("−" 为穿过; "+" 为未穿过)
锚杆编号	锚杆长度	起点 X	起点 Y	终点 X	终点 Y	
1	14	10.8	18	24.59	15.57	0.62
2	12.5	9.60	16.00	21.91	13.83	1.61
3	11	8.40	14.00	19.23	12.09	1.91
4	9.5	7.20	12.00	16.56	10.35	3.19
5	8	6.00	10.00	13.88	8.61	3.88
6	6.5	4.80	8.00	11.20	6.87	4.26
7	5	3.60	6.00	8.52	5.13	4.34
8	3.5	2.40	4.00	5.85	3.39	3.97
9	2	1.20	2.00	3.17	1.65	2.82

方案 3

安全系数 1.05	锚杆倾角 10°	锚杆位置				穿过滑动面长度 ("−" 为穿过; "+" 为未穿过)
锚杆编号	锚杆长度	起点 X	起点 Y	终点 X	终点 Y	
1	16	10.8	18	26.56	15.22	0.46
2	14	9.60	16.00	23.39	13.57	0.93
3	12	8.40	14.00	20.22	11.92	2.32
4	10	7.20	12.00	17.05	10.26	3.50
5	8	6.00	10.00	13.88	8.61	4.49
6	6	4.80	8.00	10.71	6.96	5.27
7	4	3.60	6.00	7.54	5.31	5.75
8	2	2.40	4.00	4.37	3.65	5.82
9	0	1.20	2.00	1.20	2.00	5.06

注: 表中数字单位为 m。

由表 6-5 可见, 三种方案的锚杆均未穿过滑动面, 说明锚杆的作用只是加固滑动体内部土体强度, 而不能提供抵抗下滑力的锚固力。在方案 1 中, 锚杆端部沿其打入方向与滑动面的距离为 3m 左右, 边坡安全系数为 1.01; 在方案 2 中, 上部锚杆端部与滑动面的距离为 2m 以内, 中下部锚杆端部与滑动面的距离为 3~4m, 边坡安全系数为 1.02; 在方案 3 中, 上部锚杆端部与滑动面的距离为 2m 以内, 中下部锚杆端部与滑动面的距离为 4~6m, 边坡安全系数为 1.05。此时三种方案中的锚杆长度与滑动面位置有一定关系: 上层锚杆逐渐接近滑动面, 距离由 3m 左右变为 0.5m, 而中下层锚杆距离滑动面逐渐变远, 距离由 3m 左右变为 6m, 在此过程边坡的安全系数有所增加。这说明上层锚杆的增长导致边坡安全系数的提高, 此时锚杆端部距滑动面在 3m 之内。

　　综合上述分析结果, 可见锚杆加固土体的作用范围大约为滑动面附近 3m 左右, 当锚杆未穿过滑动面且沿其打入方向距离滑动面大于 3m 时, 加固效果将不明显。三种方案中, 上层锚杆在 3m 范围内逐渐接近边坡滑动面, 而下层锚杆均在滑动面 3m 范围外不断远离滑动面。锚杆加固边坡能提高边坡安全系数, 但需保证锚杆端部与滑动面的距离控制在一定范围, 未在此范围之内则不起作用, 对于本章分析的边坡这个范围至少为 3m 之内。

　　2. 锚杆长度递增型

　　表 6-6 为锚杆布置形式简图及三种不同锚杆组合方式下所对应的安全系数, 此处取值与长度递减型锚杆三种方案长度相同, 仅为变化规律相反。为方便分析问题, 同时列出了不同方案对应位置锚杆的长度。

表 6-6　锚杆长度递增形式相关参数及安全系数

布置形式	布置简图	方案	锚杆组合	安全系数	对应位置锚杆长度
长度递增型		1	4(1.0)	1.21	4, 5, 6, 7, 8, 9, 10, 11, 12
		2	2(1.5)	1.25	2, 3.5, 5, 6.5, 8, 9.5, 11, 12.5, 14
		3	0(2.0)	1.27	0, 2, 4, 6, 8, 10, 12, 14, 16

　　注: 锚杆组合中括号前数字为第一层锚杆长度, 括号中数字为锚杆递增长度, 单位为 m。

　　由表 6-6 可知, 当锚杆布置形式为长度递增型时, 边坡安全系数显著提高, 比原始边坡安全系数提高了近 0.3 左右, 与锚杆等长布置时相比提高了 0.1~0.2 左右。这说明增加锚杆布置在边坡下部时的长度, 可以更加有效地提高边坡的安全系数, 下部锚杆的长度对边坡安全系数影响较大。同时从图 6-18 锚杆长度递增形式与滑动面的关系中可以看出, 随着锚杆长度向边坡中下部增加时, 边坡的滑动形式转变为深层滑动, 此时边坡中下层锚杆的端部均穿过滑动面并延续较长的范围。由此说明当锚杆加固边坡土体中下部且锚杆端部穿过潜在滑动面时, 锚杆长度的增加可以有效提高边坡安全系数。这是由于此时边坡的原始潜在滑动面受到锚杆的约束作用, 边坡若要滑动则需要更大的能量, 导致滑动面往坡内移动, 从而提高到了边坡的安全系数。但从安全系数递增的趋势来看, 随着下层锚杆长度的增加, 安全系数提高值增加的趋势逐渐减缓, 说明在保证经济成本不变的情况下, 并不是底层锚杆越长越好。

　　分析底层锚杆对于安全系数影响较大的原因, 是该边坡的破坏形式主要为滑移破坏，锚杆越靠近底层，所承受土体的压力越大，因此底层锚杆能够提供较大的拉力，能够增加边坡剪出口处土体受到的正压力，提高边坡相应抗剪强度。因此，实际工程中不可任意减少底层锚杆的长度，对于有使用荷载作用的永久性锚杆支护边坡，必要时应适当加长下排锚杆。随着下排锚杆长度的增加，边坡的滑动面逐渐往坡内移动，正如图 6-18 所示，有利于边坡稳定。

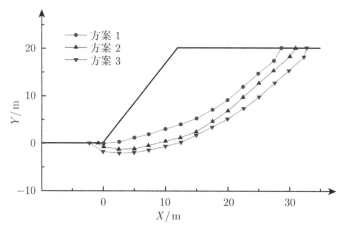

图 6-18　锚杆长度递增形式与滑动面的关系

6.5.3 锚杆长度长短相间形式

将锚杆布置形式分为长短相间型、一长两短型、一短两长型三大类，得出边坡安全系数和滑动面的变化情况，讨论锚杆长短相间分布对边坡安全系数的影响。

1. 锚杆长短相间型

将边坡锚杆按一长一短相间布置，简称长短相间型，按起始层锚杆长度分为先长后短和先短后长两种类型，并简称为先长型、先短型。同时由于锚杆的排数为九层，故长短相间分配时将其中一层锚杆长度固定为 8m，以便于分析。

A. 长短相间 (先长型)

按表 6-7、图 6-19 长短相间布置 (先长型) 情况下，边坡安全系数和布置形式的关系 (表 6-7)，可以看出，当长锚杆长度增长，短锚杆长度减小，长短锚杆相对长度差加大时，边坡的安全系数不断增加，同时边坡的潜在滑动面不断向边坡内侧发展。此时短锚杆加固了边坡表层土体，防止边坡临坡面发生破坏；长锚杆端部位置与滑动面接近，限制滑动面的位移。长短相间锚杆加固形式的加固效应与其他不同，适用于表层土体不稳定的边坡。

表 6-7　锚杆长短相间 (先长型) 相关参数及安全系数

布置形式	布置简图	方案	锚杆组合	安全系数
长短相间 (先长) 型		1	9,7	1.09
		2	10,6	1.10
		3	11,5	1.11
		4	12,4	1.13

注: 锚杆组合中两数字代表锚杆长度 (单位为 m), 且第九层均为 8m。

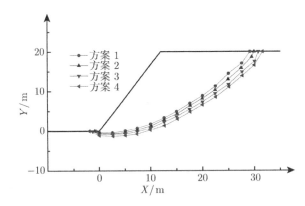

图 6-19　锚杆长短相间 (先长型) 与滑动面的关系

B. 长短相间 (先短型)

先短型与先长型布置形式锚杆类型相同, 仅布置方式不同, 具体形式见表 6-8, 通过计算得出边坡安全系数以及边坡滑动面位置。

表 6-8　锚杆长短相间 (先短型) 相关参数及安全系数

布置形式	布置简图	方案	锚杆组合	安全系数
长短相间 (先短型)		1	7,9	1.12
		2	6,10	1.13
		3	5,11	1.15
		4	4,12	1.16

注: 锚杆组合中两数字代表锚杆长度 (单位为 m), 且第九层均为 8m。

表 6-8 为长短相间布置 (先短型) 情况下边坡安全系数和布置形式的关系。图 6-20 为相应方案下边坡滑动面的位置。从中可以看出, 当长锚杆长度增长, 短锚杆

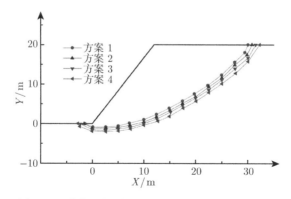

图 6-20 锚杆长短时间 (先短型) 与滑动面的关系

长度减小时, 边坡的安全系数不断增加, 同时边坡的潜在滑动面不断向边坡内侧发展。这与长短相间 (先长型) 的变化规律相同。另外, 从表 6-9 还可看出, 锚杆长度组合形式相同时, 先长型均比先短型的安全系数小 0.03~0.04, 可以说明增加相对靠下的锚杆长度, 对于边坡的稳定性有利。两者相同的特点就是当长锚杆长度增长, 短锚杆长度减小时, 边坡的安全系数不断增加, 边坡的潜在滑动面不断向边坡内侧发展。

表 6-9 锚杆长短相间两种形式相关参数与安全系数的关系

A 类长短相间 (先长型)			B 类长短相间 (先短型)		
方案	锚杆组合	安全系数	方案	锚杆组合	安全系数
1	9,7	1.09	1	7,9	1.12
2	10,6	1.10	2	6,10	1.13
3	11,5	1.11	3	5,11	1.15
4	12,4	1.13	4	4,12	1.16

注: 表中数字单位为 m。

2. 锚杆一长两短型

将边坡锚杆按一长两短相间布置, 与长短相间型做同样的定义, 按起始层锚杆长度分为先长后短和先短后长两种类型, 即简称为先长型、先短型。

1) 一长两短 (先长型)

如表 6-10 所示, 将一长两短 (先长型) 分为 4 种方案, 其中各个方案中长短锚杆按规律变化, 分别改变每组短锚杆长度, 依次减少 1m, 相应的为保持总长度相等, 长锚杆依次增加 2m, 通过计算得到边坡安全系数和滑动面的情况见表 6-10 和图 6-21。从中可知, 随着短锚杆减小, 长锚杆增长, 边坡的安全系数呈现增大趋势。在这种变化情况下, 边坡的潜在滑动面逐渐向坡内深入, 呈现出稳定变化趋势, 发展为深层滑动。这是由于长短锚杆相互组合，分别起到了不同的作用：长锚杆约束了深层滑动面，使边坡滑动面进一步向坡内变化；同时短锚杆约束了近坡面松散岩土体的滑塌。长短相间锚杆破坏了原始滑动面的连续性，改变滑动面形状和位置，虽然引起了不同的稳定加固效应，但对于加固边坡的稳定性十分有效。

表 6-10　锚杆一长两短 (先长型) 相关参数及安全系数

布置形式	布置简图	方案	锚杆组合	安全系数
一长两短 (先长型)		1	10,7,7	1.08
		2	12,6,6	1.10
		3	14,5,5	1.15
		4	16,4,4	1.20

注：表中数字单位为 m。

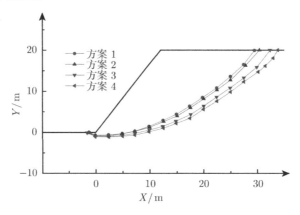

图 6-21　锚杆一长两短 (先长型) 与滑动面的关系

为进一步确定短锚杆对于边坡表层土体的加固作用，固定长锚杆长度为 10m，12m，14m，16m，改变短锚杆的长度分别为 1m，3m，5m，7m 时，得到表 6-11、图 6-22 的计算结果。可见，当长锚杆长度为 10~12m 时，随着短锚杆长度的增加，边坡安全系数逐渐增大，与长短相间锚杆加固效应不同，此时长锚杆长度较小，未能穿过滑动面，长锚杆的锚固效果不明显，不是长短相间锚固效应；当长锚杆长度增加到 14m 时，短锚杆长度变化时，边坡安全系数总体变化较小，形成为长短相间锚固效应。

因此可以说明当长锚杆达到一定长度时，足以穿过滑动面，且长短锚杆的长度差较大时，才会出现长短相间锚固效应，此时短锚杆的长度适当即可加固边坡松散土体。在一定范围内，长度进一步加长时，对边坡的整体稳定性作用不明显，此时采用短锚杆来加固边坡即可获得同样的锚固效果,从而节约经济成本。在工程实践中,如出现需加固表层松散土体的边坡可以参考此结果进行锚杆加固设计。

表 6-11 长短锚固效应短锚杆与安全系数关系

长锚杆长度/m	短锚杆长度/m			
	1	3	5	7
10	1.02	1.04	1.06	1.08
12	1.05	1.07	1.09	1.10
14	1.13	1.14	1.14	1.15
16	1.18	1.18	1.19	1.20

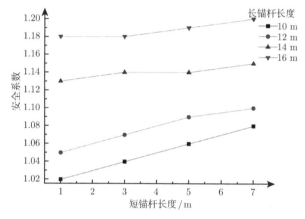

图 6-22 长短相间型短锚杆长度与安全系数的关系

2) 一长两短 (先短型)

如表 6-12 所示,同样将一长两短 (先短型) 分为 4 种方案,变化规律与一长两短 (先长型) 相同,先布置两排短锚杆,再布置长锚杆。计算结果见表 6-12 和图 6-23,可见,安全系数呈现先增大后减小的趋势,与此同时可以由图 6-23 发现,此

表 6-12 锚杆一长两短 (先短型) 相关参数及安全系数

布置形式	布置简图	方案	锚杆组合	安全系数
一长两短 (先短型)		1	7,7,10	1.11
		2	6,6,12	1.13
		3	5,5,14	1.19
		4	4,4,16	1.18

注: 表中数字单位为 m。

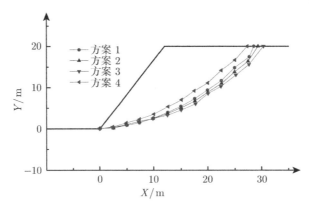

图 6-23   锚杆一长两短 (先短型) 与滑动面的关系

时边坡的潜在滑动面均为浅层滑动状态, 锚杆组合形式从方案 1~方案 3 变化过程中, 安全系数不断增大, 边坡潜在滑动面不断向坡内加深, 但滑动面的位置变化不大; 当采用方案 4 时, 边坡安全系数略有减小, 同时边坡滑动面迅速向临坡面靠近, 浅层滑动趋势明显。对比方案 2~方案 4 可以发现, 虽然边坡中下部锚杆长度对边坡安全系数及滑动面影响比上部大, 但并不是锚杆越靠近坡脚效果越好, 方案 3 和方案 4 对比证明了此观点。

综合分析一长两短型, 锚杆长度、位置对边坡安全性的影响, 由表 6-13 对比可知, 总体上说 B 类布置方案优于 A 类布置方案, 同时说明长锚杆靠近边坡中下部时对边坡安全系数的提高最有效。对前三种方案来说, 由其变化规律可知, 增长长锚杆, 同时在一定范围内减小短锚杆, 有利于提高边坡的安全系数。对比 A 类、B 类的方案 4 可知, 虽然边坡中下部锚杆长度对边坡安全系数及滑动面影响比上部大, 但并不是锚杆越靠近坡脚效果越好。锚杆的组合形式长锚杆约束了深层滑动面, 同时短锚杆约束了近坡面松散岩土体, 但由于 B 类方案 4 的最底层锚杆位置过低, 对滑动面的约束减小, 同时短锚杆对于表层土约束不足, 造成了边坡加固效果降低, 滑动面靠近临坡面。

表 6-13   一长两短锚杆组合对安全系数的影响

| A 类一长两短 (先长型) | | | B 类一长两短 (先短型) | | |
方案	锚杆组合	安全系数	方案	锚杆组合	安全系数
1	10,7,7	1.08	1	7,7,10	1.11
2	12,6,6	1.10	2	6,6,12	1.13
3	14,5,5	1.15	3	5,5,14	1.19
4	16,4,4	1.20	4	4,4,16	1.18

注: 表中数字单位为 m。

3. 锚杆一短两长型

将边坡锚杆按一短两长相间布置,与长短相间型做同样的定义,按起始层锚杆长度分为先长后短和先短后长两种类型,即简称为先长型、先短型。

1) 一短两长 (先长型)

采用一短两长 (先长型) 锚杆组合加固形式 (表 6-14),当长锚杆长度增加,短锚杆长度减少时,边坡对应的安全系数逐渐增大,见表 6-15。同时又由图 6-24 可

表 6-14 锚杆一短两长 (先长型) 相关参数及安全系数

布置形式	布置简图	方案	锚杆组合	安全系数
一短两长 (先长型)		1	9,9,6	1.08
		2	10,10,4	1.10
		3	11,11,2	1.13
		4	12,12,0	1.16

注: 表中数字单位为 m。

表 6-15 先长型锚杆组合对安全系数的影响

一长两短 (先长型)			一短两长 (先长型)		
方案	锚杆组合	安全系数	方案	锚杆组合	安全系数
1	10,7,7	1.08	1	9,9,6	1.08
2	12,6,6	1.10	2	10,10,4	1.10
3	14,5,5	1.15	3	11,11,2	1.13
4	16,4,4	1.20	4	12,12,0	1.16

注: 表中数字单位为 m。

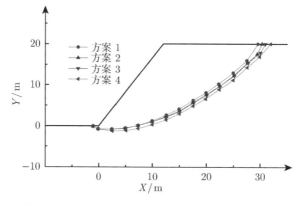

图 6-24 锚杆一短两长 (先长型) 与滑动面的关系

知，在这种变化情况下，边坡的潜在滑动面逐渐向坡内深入，呈现出稳定变化趋势，并发展为深层滑动。此处发生的变化与一长两短 (先长型) 锚杆组合形式发生的变化是一致的，但观察锚杆与边坡滑动面的位置可知，除了方案 4 中最长锚杆穿过边坡滑动面一小段距离外，其余方案所有锚杆均未穿过滑动面，所以导致该类型锚固效果不如一长两短 (先长型) 明显。

2) 一短两长 (先短型)

表 6-16 为锚杆一短两长 (先短型) 相关参数及安全系数。从中可以看出，边坡的安全系数呈现逐渐增大的趋势。与此同时，由图 6-25 可见，此时边坡滑动面的滑动形式由浅层滑动逐步转变为深层滑动，边坡潜在滑动面位置变化明显。这是由于中下部锚杆长度的增加，长锚杆加固土体的范围增加，因此导致边坡滑动面进一步向坡内移动，同时边坡安全系数也随之增大。

表 6-16　锚杆一短两长 (先短型) 相关参数及安全系数

布置形式	布置简图	方案	锚杆组合	安全系数
一短两长 (先短型)		1	6,9,9	1.13
		2	4,10,10	1.16
		3	2,11,11	1.19
		4	0,12,12	1.22

注: 表中数字单位为 m。

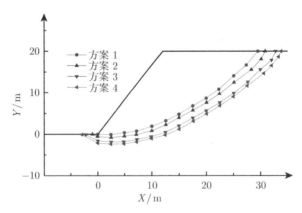

图 6-25　锚杆一短两长 (先短型) 与滑动面的关系

分析对比一短两长型锚杆组合形式两种类型安全系数及边坡滑动面位置 (表6-17)，比较两类方案发现，锚杆类型相同布置方式不同时，B 类先短型比 A 类先长型安全系数普遍提高 0.05~0.06。由相应锚杆布置形式对比可知，增加位置靠下的锚杆长度比增加相对靠上的锚杆长度更加有利于边坡安全系数的提高。

表 6-17　一短两长锚杆组合对安全系数的影响

A 类一短两长 (先长型)			B 类一短两长 (先短型)		
方案	锚杆组合	安全系数	方案	锚杆组合	安全系数
1	9,9,6	1.08	1	6,9,9	1.13
2	10,10,4	1.10	2	4,10,10	1.16
3	11,11,2	1.13	3	2,11,11	1.19
4	12,12,0	1.16	4	0,12,12	1.22

注: 表中数字单位为 m。

从表 6-18 分析对比两类型 B 类 (先短型) 发现，单排锚杆长度穿过滑动面的距离固然重要，但是锚杆重点加强边坡中下部时，要比单纯增加最下部而忽略中部锚杆长度对边坡安全系数的提高更有效，尤其是在长短锚杆长度差值变大时。

表 6-18　一长两短及一短两长锚杆组合对安全系数的影响

A 类一长两短 (先长型)			A 类一短两长 (先长型)		
方案	锚杆组合	安全系数	方案	锚杆组合	安全系数
1	10,7,7	1.08	1	9,9,6	1.08
2	12,6,6	1.10	2	10,10,4	1.10
3	14,5,5	1.15	3	11,11,2	1.13
4	16,4,4	1.20	4	12,12,0	1.16
B 类一长两短 (先短型)			B 类一短两长 (先短型)		
方案	锚杆组合	安全系数	方案	锚杆组合	安全系数
1	7,7,10	1.11	1	6,9,9	1.13
2	6,6,12	1.13	2	4,10,10	1.16
3	5,5,14	1.19	3	2,11,11	1.19
4	4,4,16	1.18	4	0,12,12	1.22

注: 表中数字单位为 m。

6.5.4　锚杆长度上下对称分布形式

当锚杆长度相对于中心锚杆(即本章中的第五层锚杆) 对称分布时，将锚杆组合形式分为两类，以分析其对边坡安全系数的影响。

1. 锚杆中间短两边长型

如表 6-19 中的布置简图所示，通过改变锚杆的变化长度，分析其对边坡安全系数的影响，同时列出了各个方案中对应位置所有锚杆的长度。由计算所得的安全系数可知，当锚杆的长度变化时，边坡的安全系数基本保持不变，同时由图 6-26 可以看出，边坡潜在滑动面的位置基本固定在同一位置，变化极小。

表 6-19　锚杆中间短两边长型相关参数及安全系数

布置形式	布置简图	方案	锚杆组合	安全系数	对应位置锚杆长度
中间短两边长型		1	2,10,(1)	1.15	10, 9, 8, 7, 2, 7, 8, 9, 10
		2	0,12,(2)	1.16	12, 10, 8, 6, 0, 6, 8, 10, 12
		3	2,13,(3)	1.15	13, 10, 7, 4, 2, 4, 7, 10, 13

注: 锚杆组合中, 第一个数字为第五层锚杆长度, 其他锚杆均匀变化, 括号前数字为第一层锚杆长度, 括号中数字为锚杆变化长度, 单位为 m。

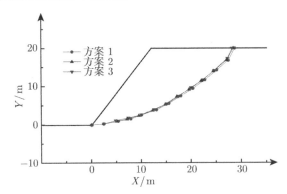

图 6-26　锚杆中间短两边长型与滑动面的关系

观察图 6-27FLAC^{3D} 锚杆与边坡滑动面位置的关系, 从中可以看到, 三种方案的上中层锚杆均未穿过滑动面, 仅有少数下层锚杆穿过滑动面。

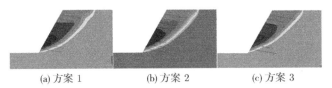

(a) 方案 1　　　　　(b) 方案 2　　　　　(c) 方案 3

图 6-27　中间短两边长三种方案下锚杆与滑动面位置的关系

根据边坡潜在滑动面的位置变化不太大, 将边坡三个滑动面简化成为一个滑动面表示, 以坡脚为坐标原点建立坐标系, 通过自编程序取出边坡滑动面上的点, 为方便计算数据相互比较同时保证计算精度, 采用二次多项式进行拟合, 得到相应的方程如下:

$$Y = 1.13323 - 0.15455X + 0.02736X^2 \tag{6-5}$$

其中, $0 \leqslant X$ 且 $Y \leqslant 20$。

拟合后曲线与边坡滑动面位置基本一致, 再将锚杆在该坐标系下用方程定义, 通过计算求出各层锚杆端部穿过 (或未穿过) 滑动面的长度, 可以得到表 6-20 所示结果。计算数据结果与 FLAC^{3D} 所出图形 (图 6-26)锚杆端部位置与滑动面关系大体一致。

由表 6-20 中可以看出，三种方案中，上部七层锚杆几乎全部未穿过边坡滑动面，而下部第八层、第九层锚杆的长度总和从方案 1 到方案 3 有所增加，同时穿过边坡滑动面的距离总和略有增加，但对应的安全系数变化较小，由此可以说明最底部穿过滑动面锚杆的长度对边坡安全系数的影响很小。通过分析方案 2 和方案 3，当第 8 层锚杆穿过滑动面长度不变时，而第 9 层锚杆穿过滑动面的长度增加对安全系数的提高没有贡献，这说明锚杆穿过滑动面锚固到未动土体中的锚固长度存在最优长度，对于该边坡该长度为 5~8m 范围内的数值，此时再将继续加大锚杆长度对于边坡安全系数影响很小。

表 6-20　中间短两边长型三种方案锚杆端部与滑动面位置的关系

方案1 安全系数 1.15		锚杆倾角 10°	端部穿过滑动面距离 ("−"为穿过)	方案2 安全系数 1.16		锚杆倾角 10°	端部穿过滑动面距离 ("−"为穿过)	方案3 安全系数 1.15		锚杆倾角 10°	端部穿过滑动面距离 ("−"为穿过)
锚杆名称	锚杆长度			锚杆名称	锚杆长度			锚杆名称	锚杆长度		
1	10		5.23	1	12		3.23	1	13		2.23
2	9		5.84	2	10		4.84	2	10		4.84
3	8		6.33	3	8		6.33	3	7		7.33
4	7		6.68	4	6		7.68	4	4		9.68
5	2		10.85	5	0		12.85	5	2		10.85
6	7		4.78	6	6		5.78	6	4		7.78
7	8		2.35	7	8		2.35	7	7		3.35
8	9		−0.69	8	10		−1.69	8	10		−1.69
9	10		−5.23	9	12		−7.23	9	13		−8.23

注: 其中端部至滑动面距离正号表示在滑动面内侧，负号表示穿过滑动面；表中数字单位为 m。

2. 锚杆中间长两边短型

如表 6-21 中的布置简图所示锚杆的布置形式，以及各个方案对应位置所有锚杆的长度，与中间短两边长型锚杆组合一样。

表 6-21　锚杆中间长两边短形式相关参数及安全系数

布置形式	布置简图	方案	锚杆组合	安全系数	对应位置锚杆长度
中间长两边短型		1	12,6,(1)	1.06	6、7、8、9、12、9、8、7、6
		2	16,4,(2)	1.11	4、6、8、10、16、10、8、6、4
		3	20,2,(3)	1.15	2、5、8、11、20、11、8、5、2

注: 锚杆组合中，第一个数字为第五层锚杆长度，其他锚杆均匀变化，括号前数字为第一层锚杆长度，括号中数字为锚杆变化长度，表中数字单位为 m。

由表 6-21 的计算结果可知,当锚杆的长度变化时,即靠近中间锚杆长度加长,靠近坡顶和坡脚的锚杆长度减小,边坡的安全系数逐渐变大,而由图 6-28 可以看出,边坡潜在滑动面的位置较为固定,但是依然可以看出由方案 1 到方案 2 时,边坡滑动面向坡内侧发展,而当变为方案 3 时,滑动面反而向临坡面靠近。

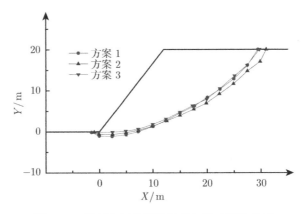

图 6-28   锚杆中间长两边短型与滑动面的关系

依照本章前面分析方法 (参照本文长度递减型等边坡滑动面方程定义方法),得到拟合方程后,分析计算得到表 6-22。

表 6-22   中间长两边短型三种方案锚杆端部与滑动面位置的关系

方案 1 安全系数 1.06	锚杆倾角 10°	端部穿过滑动面距离	方案2 安全系数 1.11	锚杆倾角 10°	端部穿过滑动面距离	方案3 安全系数 1.15	锚杆倾角 10°	端部穿过滑动面距离
锚杆编号	锚杆长度("−"为穿过)		锚杆编号	锚杆长度("−"为穿过)		锚杆编号	锚杆长度("−"为穿过)	
1	6	9.58	1	4	11.58	1	2	13.58
2	7	8.20	2	6	9.20	2	5	10.20
3	8	6.71	3	8	6.71	3	8	6.71
4	9	5.09	4	10	4.09	4	11	3.09
5	12	1.30	5	16	−2.70	5	20	−6.70
6	9	3.28	6	10	2.28	6	11	1.28
7	8	2.93	7	8	2.93	7	8	2.93
8	7	2.02	8	6	3.02	8	5	4.02
9	6	0.13	9	4	1.87	9	2	3.87

注: 其中端部至滑动面距离正号表示在滑动面内侧,负号表示穿过滑动面;表中数字单位为 m。

由 FLAC^{3D} 计算可以得到锚杆长度和边坡滑动面位置之间的关系。由图 6-29 可以看出,除了方案 2 和方案 3 中间 (第五层) 锚杆穿过边坡滑动面之外,其余锚杆均未穿过滑动面。这与表 6-22 所示结果基本相同。由表 6-22 可知,三种方案中第五层锚杆穿过滑动面的近似长度分别为 −1.3m(表示未穿过滑动面)，2.7m，6.7m，同时边坡的安全系数 1.06，1.11，1.15 呈现逐步增加趋势，说明在其他锚杆加固了整个滑坡体，形成钢筋土复合结构的同时，穿过滑动面的锚杆长度对边坡的安全系数影响较大。同时由于中部锚杆长度增加，坡顶和坡脚的锚杆长度减少，导致边坡下部加固土体范围变小，因此出现方案 3 中边坡滑动面向临坡面发展的现象。

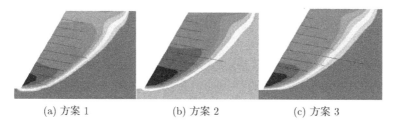

| (a) 方案 1 | (b) 方案 2 | (c) 方案 3 |

图 6-29　中间长两边短三种方案下锚杆与滑动面位置的关系

表 6-23 为两类锚杆组合形式对安全系数的影响，分析上下对称分布型两种形式，发现中间短两边长形式比中间长两边短形式锚固效果好。锚杆穿过滑动面的数量对边坡的安全系数有较大影响。锚杆穿过滑动面锚固到稳定土体中的锚固长度有最优长度，对于本章算例的边坡该长度为 5~8m 的数值，超过此范围后增加锚杆长度影响效果减弱。使用锚杆对边坡进行加固时，应适当增加中下部锚杆长度，使其穿过滑动面一定范围，提高边坡安全系数。中上部土体锚杆长度可以适当减少，总体加固表层土体形成复合结构，保证边坡不发生临坡面垮塌。

表 6-23　两类锚杆组合形式对安全系数的影响

A 类中间短两边长型			B 类中间长两边短型		
方案	锚杆组合	安全系数	方案	锚杆组合	安全系数
1	2,10,(1)	1.15	1	12,6,(1)	1.06
2	0,12,(2)	1.16	2	16,4,(2)	1.11
3	2,13,(3)	1.15	3	20,2,(3)	1.15

注：表中数字单位为 m。

第 7 章　强度折减法在其他准则中的应用

7.1　引　　言

目前，强度折减法分析边坡稳定性主要针对 Mohr-Coulomb 准则实施，但是，对于岩体的描述，Mohr-Coulomb 准则有一定局限性，如不能解释低应力区对岩体的影响[55]、只能反映岩体的线性破坏特征等。为了克服以上缺点，Hoek 和 Brown 通过对大量岩石试验资料和岩体现场试验结果进行统计分析得出了 Hoek-Brown 准则，它能反映岩体的固有特点和非线性破坏特征，以及岩石强度、结构面组数、所处应力状态对岩体强度的影响，它能够解释低应力区、拉应力区及第三主应力对强度的影响，更加符合岩体的非线性破坏特征[56]。该准则被提出后受到国际工程地质界的普遍关注，并得到广泛应用。因此，将强度折减法与 Hoek-Brown 准则相结合成为必要，但目前对该方面的研究还较少，其中，吴顺川等[57] 以广义 Hoek-Brown 准则建立数值计算模型，对完整岩石单轴抗压强度 σ_{ci}，经验参数 m_i 进行折减，而经验参数 s, a 不折减，其认为二者仅与地质强度指标 GSI、岩体弱化因子 D 有关，非强度指标。但于远忠和宋建波[58] 认为 m, s 对岩体强度具有一定影响，二者在 Hoek-Brown 准则中的意义与 Mohr-Coulomb 强度准则中的黏结力和内摩擦角类似。若在 Hoek-Brown 准则的强度折减法实施过程中，不考虑 s, a 的影响将导致一些偏差。为解决以上问题，可通过两种方法：①直接折减 Hoek-Brown 参数来计算安全系数；②计算等效 Mohr-Coulomb 参数，间接得到安全系数。因此，本章探讨在 Hoek-Brown 准则下，边坡安全系数的直接解法与间接解法。

岩土介质在形成及变化过程中，由于地质沉积作用，层状岩体广泛存在。这些层状岩体在同一层理面内各个方向的矿物成分及物理力学性质是大体相同的，但在垂直层理方向上的力学性质却有很大差别。正是由于这些层理面的存在，给层状岩质边坡的稳定性分析带来了较大的困难。由于应力的作用，层状岩土体表现出来的力学行为比较复杂，目前广泛使用的各向同性模型不再适用，传统的基于 Mohr-Coulomb 模型的极限平衡法也不适合计算复杂层状岩质边坡的安全系数。因此，如何建立合理描述层状岩质边坡的力学模型成为必要。另外，由于岩体结构的复杂性，要建立完全反映岩体结构特征的模型是不现实的，因此对于具体工程而言必须进行适当简化，但同时必须认识到岩体强度由结构面强度控制，边坡稳定性并非完全由结构面控制，而是由岩体强度和结构面强度共同控制，这与二者的物理力学性质及应力状态有关。基于以上考虑，本书采用横观各向同性模型 (Ubiquitous-Joint 模型) 来描述层状岩质边坡的稳定性。进一步研究 Ubiquitous-Joint 模型与强度折减法结合来计算边坡安全系数的方法和过程，并探讨层理倾角与边坡稳定性之间的关系。

7.2 Hoek-Brown 准则中边坡安全系数的直接解法

7.2.1 FLAC³ᴰ 中的 Hoek-Brown 模型

Hoek 和 Brown 认为，岩石破坏不仅要与实验结果相吻合，其数学表达式应尽可能简单，并且，岩石破坏判据除了适用于结构完整且各向同性的均质岩石外，还应当适用于碎裂岩体及各向异性的非均质岩体等[59]。在 Hoek 和 Brown 对大量岩石抛物线型破坏包络线的系统研究后，提出岩石的 Hoek-Brown 破坏经验判据，其表达式如下：

$$\sigma_1 = \sigma_3 + \sqrt{m\sigma_{ci}\sigma_3 + s\sigma_{ci}^2} \tag{7-1}$$

式中，σ_1 为岩体破坏时的最大主应力；σ_3 为作用在岩体上的最小主应力；σ_{ci} 为完整岩石单轴抗压强度；m, s 为经验参数，m 反映岩石的软硬程度，s 反映岩体的破碎程度。

Hoek-Brown 准则将影响岩体强度特性的复杂因素，集中包含在该准则所引用的两个经验参数 m, s 和力学参数 σ_{ci} 中，概念简洁明确，便于工程应用。

1. 弹性增量方程

主应力空间中，Hooke 定律的增量表达式可写为

$$\Delta\sigma_1 = \alpha_1\Delta\varepsilon_1^e + \alpha_2(\Delta\varepsilon_2^e + \Delta\varepsilon_3^e)$$

$$\Delta\sigma_2 = \alpha_1\Delta\varepsilon_2^e + \alpha_2(\Delta\varepsilon_1^e + \Delta\varepsilon_3^e)$$

$$\Delta\sigma_3 = \alpha_1\Delta\varepsilon_3^e + \alpha_2(\Delta\varepsilon_1^e + \Delta\varepsilon_2^e) \tag{7-2}$$

式中，$\alpha_1 = K + 4G/3$；$\alpha_2 = K - 2G/3$；K 为体积模量；G 为剪切模量；$\Delta\varepsilon_i^e$ 表示 i 方向的弹性应变增量，$i = 1, 2, 3$ 表示三个主应力方向。

由弹性增量理论可得估算应力分量

$$\sigma_i^I = \sigma_i^0 + \Delta\sigma_i \quad (i = 1, 2, 3) \tag{7-3}$$

式中，σ_i^0 为初始应力。

式 (7-1) 表示一曲面, 落在曲面内的应力点为弹性状态。塑性状态下的应变增量可表示为弹性应变增量和塑性应变增量之和 (认为材料的破坏与中间主应力 σ_2 无关, 因此其不引起塑性应变):

$$\Delta\varepsilon_1 = \Delta\varepsilon_1^{\mathrm{e}} + \Delta\varepsilon_1^{\mathrm{p}}$$

$$\Delta\varepsilon_2 = \Delta\varepsilon_2^{\mathrm{e}}$$

$$\Delta\varepsilon_3 = \Delta\varepsilon_3^{\mathrm{e}} + \Delta\varepsilon_3^{\mathrm{p}} \tag{7-4}$$

式中, $\Delta\varepsilon_i^{\mathrm{p}}$ 为 i 方向的塑性应变增量。

新的应力分量 σ_1^N, σ_2^N, σ_3^N 为

$$\sigma_1^N - \sigma_1^0 = \alpha_1(\Delta\varepsilon_1 - \Delta\varepsilon_1^{\mathrm{p}}) + \alpha_2(\Delta\varepsilon_2 + \Delta\varepsilon_3 - \Delta\varepsilon_3^{\mathrm{p}})$$

$$\sigma_2^N - \sigma_2^0 = \alpha_1\Delta\varepsilon_2 + \alpha_2(\Delta\varepsilon_1 - \Delta\varepsilon_1^{\mathrm{p}} + \Delta\varepsilon_3 - \Delta\varepsilon_3^{\mathrm{p}})$$

$$\sigma_3^N - \sigma_3^0 = \alpha_1(\Delta\varepsilon_3 - \Delta\varepsilon_3^{\mathrm{p}}) + \alpha_2(\Delta\varepsilon_1 + \Delta\varepsilon_2 - \Delta\varepsilon_1^{\mathrm{p}}) \tag{7-5}$$

联立式 (7-2)~式 (7-5) 得

$$\sigma_1^N = \sigma_1^I - \alpha_1\Delta\varepsilon_1^{\mathrm{p}} - \alpha_2\Delta\varepsilon_3^{\mathrm{p}}$$

$$\sigma_2^N = \sigma_2^I - \alpha_2(\Delta\varepsilon_1^{\mathrm{p}} + \Delta\varepsilon_3^{\mathrm{p}})$$

$$\sigma_3^N = \sigma_3^I - \alpha_1\Delta\varepsilon_3^{\mathrm{p}} - \alpha_2\Delta\varepsilon_1^{\mathrm{p}} \tag{7-6}$$

流动法则中的流动系数 λ 由下式确定

$$\Delta\varepsilon_1^{\mathrm{p}} = \lambda\Delta\varepsilon_3^{\mathrm{p}} \tag{7-7}$$

从而得

$$\sigma_1^N = \sigma_1^I - \Delta\varepsilon_3^{\mathrm{p}}(\lambda\alpha_1 + \alpha_2)$$

$$\sigma_2^N = \sigma_2^I - \Delta\varepsilon_3^{\mathrm{p}}\alpha_2(1 + \lambda)$$

$$\sigma_3^N = \sigma_3^I - \Delta\varepsilon_3^{\mathrm{p}}(\lambda\alpha_2 + \alpha_1) \tag{7-8}$$

对于位于屈服面上的应力点, 满足屈服函数:

$$f = \sigma_1^N - \sigma_3^N - \sigma_{ci}\sqrt{m\frac{\sigma_3^N}{\sigma_{ci}} + s} = 0 \tag{7-9}$$

2. 流动法则

流动法则规定了塑性应变增量的方向。为了描述材料屈服时候的体积变化，需选择一种合适的流动法则。流动系数 λ 和应力以及加载历史有关，因为典型岩体破坏模式是轴向劈裂而不是剪切破坏，与围压较小或拉伸状态下材料的膨胀角并不相同，所以其采用非线性剪切屈服函数，流动法则为基于应力水平的塑性流动法则。虽然塑性应变增量和材料的应力水平之间存在复杂的关系，但是对于一些特殊的情况，可采用以下的流动法则，而其他复杂的情况，可通过这些流动法则得到 λ 进行插值[60]。

1) 关联流动法则

在无围压情况下，岩石屈服时表现出较大的体积膨胀并伴随轴向劈裂效应。关联流动法则在理论上提供最大的体积应变率。当岩石处于单轴压缩时可采用该流动法则，其表征塑性应变方向和屈服面垂直

$$\Delta\varepsilon_i^p = -\lambda\frac{\partial f}{\partial\sigma_i} \quad (i=1,2,3) \tag{7-10}$$

将其展开得，关联流动法则中的流动系数

$$\lambda_{af} = -\frac{1}{1+\frac{1}{2}\sigma_{ci}(m\sigma_3/\sigma_{ci}+s)^{-1/2}(m/\sigma_{ci})} \tag{7-11}$$

2) 径向流动法则

在单轴拉伸过程中，材料将沿拉伸方向破坏；或者当各个方向施加相等的拉应力时，材料将沿不同方向发生相同的变化。以上两种情况均可用径向流动法则来描述，其流动系数可用下式表示：

$$\lambda_{rf} = \frac{\sigma_1}{\sigma_3} \tag{7-12}$$

3) 常体积流动法则

当围压增加时，达到屈服状态时材料的体积不再发生膨胀，此时可用常体积流动法则对这种现象进行描述。当围压大于自定义的围压上限值 σ_3^{cv} 时，流动系数

$$\lambda_{cv} = -1 \tag{7-13}$$

4) 复合流动法则

对于不同的应力状态，将采用不同的流动法则。如在完全拉伸区域，采用径向流动法则；当围压等于零时，采用关联流动法则。对于 $0 < \sigma_3 < \sigma_3^{cv}$ 的状态，流动参数 λ 可通过关联流动法则和常体积流动法则之间的插值得到

$$\lambda = \frac{1}{\dfrac{1}{\lambda_{af}} + \left(\dfrac{1}{\lambda_{cv}} - \dfrac{1}{\lambda_{af}}\right)\dfrac{\sigma_3}{\sigma_3^{cv}}} \tag{7-14}$$

若 $\sigma_3^{cv} = 0$，模型的情况接近非关联流动法则，即膨胀角等于零。若 σ_3^{cv} 设置为一较大值 (相对于 σ_{ci})，模型情况接近关联流动法则。

7.2.2　m，s，σ_{ci} 与 c，ϕ 的关系

将 Hoek-Brown 准则和 Mohr-Coulomb 准则进行对比。在确定 m，s 和 σ_{ci} 后，可利用式 (7-1) 得到岩体力学参数。

岩体单轴抗压强度

$$\sigma_{cm} = \sqrt{s}\sigma_{ci} \tag{7-15}$$

岩体单轴抗拉强度

$$\sigma_{tm} = \frac{1}{2}\sigma_{ci}(m - \sqrt{m^2 + 4s}) \tag{7-16}$$

Mohr-Coulomb 准则的表达式为

$$\sigma_1 = \sigma_3 N_\phi + 2c\sqrt{N_\phi} \tag{7-17}$$

式中，$N_\phi = \dfrac{1 + \sin\phi}{1 - \sin\phi}$；$c$，$\phi$ 分别为黏结力和内摩擦角。

根据与 Hoek-Brown 准则对应的 Mohr-Coulomb 准则，可求得岩体的黏结力 c 和内摩擦角 ϕ[61]，即

$$c = \frac{1}{2}\sqrt{-\sigma_{cm} \cdot \sigma_{tm}} \tag{7-18}$$

$$\phi = \arctan\left(\frac{\sigma_{cm} + \sigma_{tm}}{2\sqrt{-\sigma_{cm} \cdot \sigma_{tm}}}\right) \tag{7-19}$$

将式 (7-15)、式 (7-16) 代入式 (7-18)、式 (7-19)，可得 m，s，σ_{ci} 与 c，ϕ 之间的关系

$$c^2 = \frac{1}{8}\sqrt{s} \cdot \sigma_{ci}^2(\sqrt{m^2 + 4s} - m) \tag{7-20}$$

$$\tan^2\phi = \frac{[2\sqrt{s} + (m - \sqrt{m^2 + 4s})]^2}{8\sqrt{s} \cdot (\sqrt{m^2 + 4s} - m)} \tag{7-21}$$

7.2.3　m，s，σ_{ci} 的折减方法

假设边坡处于原始状态时，其参数为 c^0，ϕ^0，m^0，s^0，σ_{ci}^0；处于临界失稳状态时，其参数为 c^{cr}，ϕ^{cr}，m^{cr}，s^{cr}，σ_{ci}^{cr}。

对于 Mohr-Coulomb 准则，其折减方法为

$$c^{cr} = \frac{c^0}{K}, \quad \phi^{cr} = \arctan\left(\frac{\tan\phi^0}{K}\right) \tag{7-22}$$

当 $K = F$(F 为边坡的整体安全系数) 时，边坡达到临界失稳状态。

由式 (7-20)、式 (7-21) 求逆函数，并根据式 (7-22) 可得 Hoek-Brown 准则各参数临界值与原始值之间的关系：

$$m^{\mathrm{cr}} = m(c^{\mathrm{cr}}, \phi^{\mathrm{cr}}) = m(c^0, \phi^0) = m(m^0, s^0, \sigma_{ci}^0) \tag{7-23}$$

$$s^{\mathrm{cr}} = s(c^{\mathrm{cr}}, \phi^{\mathrm{cr}}) = s(c^0, \phi^0) = s(m^0, s^0, \sigma_{ci}^0) \tag{7-24}$$

$$\sigma_{ci} = m(c^{\mathrm{cr}}, \phi^{\mathrm{cr}}) = \sigma_{ci}(c^0, \phi^0) = \sigma_{ci}(m^0, s^0, \sigma_{ci}^0) \tag{7-25}$$

式中，$f(a, b, \cdots)$ 表示关于 $a, b, \cdots$ 的函数。其中，$f = m,\ s,\ \sigma_{ci};\ a, b, \cdots = c^{\mathrm{cr}}, \phi^{\mathrm{cr}};\ c^0, \phi^0;\ m^0, s^0, \sigma_{ci}^0$。

整理得

$$\sigma_{ci}^0 \sqrt{\sqrt{s_0}(\sqrt{m_0^2 + 4s_0} - m_0)} = \sigma_{ci}^{\mathrm{cr}} K \sqrt{\sqrt{s_{\mathrm{cr}}}(\sqrt{(m^{\mathrm{cr}})^2 + 4s^{\mathrm{cr}}} - m^{\mathrm{cr}})} \tag{7-26}$$

$$[2\sqrt{s^0} + (m^0 - \sqrt{(m^0)^2 + 4s^0})] \cdot \sigma_{ci}^0 = K^2[2\sqrt{s^{\mathrm{cr}}} + (m^{\mathrm{cr}} - \sqrt{(m^{\mathrm{cr}})^2 + 4s^{\mathrm{cr}}})] \cdot \sigma_{ci}^{\mathrm{cr}} \tag{7-27}$$

从中可以看出，需要通过两个方程求解三个未知数，本书目前仍未找到合适的解答，因此，即使对简单形式的 Hoek-Brown 准则来说，也不易得到相应参数的直接折减方法，需寻找其他间接解法。

7.3 广义 Hoek-Brown 准则中边坡安全系数的间接解法

7.3.1 等效黏结力和内摩擦角

对强度折减法的计算公式进行等比变换，得

$$1 = \frac{c^0 + \sigma \tan \phi^0}{c^{\mathrm{cr}} + \sigma \tan \phi^{\mathrm{cr}}} \cdot \frac{1}{K} = \frac{\tau_s^0}{\tau_s^{\mathrm{cr}}} \cdot \frac{1}{K} \tag{7-28}$$

式中，τ_s^0，τ_s^{cr} 分别对应原始和临界状态的抗剪强度。

Hoek 和 Brown 认为，岩石破坏不仅要与实验结果相吻合，其数学表达式也应尽可能简单，并且岩石破坏判据除了适用于结构完整且各向同性的均质岩石外，还应当适用于碎裂岩体及各向异性的非均质岩体等。在 Hoek 和 Brown 对大量岩石破坏包络线的系统研究后，提出岩石 Hoek-Brown 破坏经验判据，其具体表达式为

$$\sigma_1 = \sigma_3 + \sigma_{ci}\left(m_b \frac{\sigma_3}{\sigma_{ci}} + s\right)^a \tag{7-29}$$

式中，σ_1 为岩体破坏时的最大主应力；σ_3 为作用在岩体上的最小主应力；σ_{ci} 为完整岩石单轴抗压强度；m_b 岩体常数，与完整岩石的 m_i 有关；s，a 取决于岩体特性的系数；这些参数均可表述为地质强度指标 GSI 的函数，具体形式如下：

$$m_b = m_i \exp\left(\frac{\mathrm{GSI} - 100}{28 - 14D}\right) \tag{7-30}$$

$$s = \exp\left(\frac{\text{GSI} - 100}{9 - 3D}\right) \tag{7-31}$$

$$a = \frac{1}{2} + \frac{1}{6}(e^{-\text{GSI}/15} - e^{-20/3}) \tag{7-32}$$

式中，D 为岩体弱化因子，与岩体的开挖方式及扰动程度有关，取值为 0~1，0 代表未扰动状态。

对于脆性岩体材料，单轴抗拉强度 σ_t 等于双轴抗拉强度[61]，假设 $\sigma_1 = \sigma_3 = \sigma_t$，由式 (7-29) 可得

$$\sigma_t = -\frac{s\sigma_{ci}}{m_b} \tag{7-33}$$

为了与 Mohr-Coulomb 准则对应，首先对式 (7-29) 两边求导

$$\frac{d\sigma_1}{d\sigma_3} = 1 + am_b(m_b\sigma_3/\sigma_{ci} + s)^{a-1} \tag{7-34}$$

然后，用主应力表示抗剪强度和相应的正应力

$$\tau_s = (\sigma_1 - \sigma_3)\frac{\sqrt{d\sigma_1/d\sigma_3}}{d\sigma_1/d\sigma_3 + 1} \tag{7-35}$$

$$\sigma_n = \frac{\sigma_1 + \sigma_3}{2} - \frac{(\sigma_1 - \sigma_3)}{2} \cdot \frac{d\sigma_1/d\sigma_3 - 1}{d\sigma_1/d\sigma_3 + 1} \tag{7-36}$$

联立式 (7-28)、式 (7-34)、式 (7-35)，得到用 Hoek-Brown 参数表示临界失稳状态的抗剪强度 τ_s^{cr}：

$$
\begin{aligned}
\tau_s^{\text{cr}} &= (\sigma_1 - \sigma_3) \cdot \frac{\sqrt{1 + a^0 m_b^0\left(m_b^0\dfrac{\sigma_3}{\sigma_{ci}} + s^0\right)^{a^0-1}}}{2 + a^0 m_b^0\left(m_b^0\dfrac{\sigma_3}{\sigma_{ci}} + s^0\right)^{a^0-1}} \cdot \frac{1}{K} \\
&= (\sigma_1 - \sigma_3) \cdot \frac{\sqrt{1 + a^{\text{cr}} m_b^{\text{cr}}\left(m_b^{\text{cr}}\dfrac{\sigma_3}{\sigma_{ci}} + s^{\text{cr}}\right)^{a^{\text{cr}}-1}}}{2 + a^{\text{cr}} m_b^{\text{cr}}\left(m_b^{\text{cr}}\dfrac{\sigma_3}{\sigma_{ci}} + s^{\text{cr}}\right)^{a^{\text{cr}}-1}}
\end{aligned}
\tag{7-37}
$$

式中，上角标"0"表示原始状态；"cr"表示临界失稳状态。

强度折减法中，计算安全系数的关键是建立原始参数和临界参数之间的一一对应关系，这样才能得到相应的边坡安全系数。例如，对于 Mohr-Coulomb 准则，需建立 c^0，ϕ^0 和 c^{cr}，ϕ^{cr} 之间的关系，由式 (7-28)，通过安全系数 F 建立 $c^0 = Fc^{\text{cr}}$，$\tan\phi^0 = F\tan\phi^{\text{cr}}$；但从式 (7-37) 可见，建立 m_b^0，a^0，s^0 与 m_b^{cr}，a^{cr}，s^{cr} 之间一一对应的直接关系较为困难。因此，寻找间接方法，即通过建立 m_b，a，s 和

c, ϕ 之间的关系, 得到等效 c, ϕ 值, 利用 Mohr-Coulomb 准则计算安全系数的方法得到 Hoek-Brown 准则下边坡的安全系数。

计算等效 c 和 ϕ 的方法: 利用式 (7-29) 生成一系列 σ_1 和 σ_3 的数据点; 然后对得出的曲线进行拟合[61] (图 7-1); 最后推导岩体等效内摩擦角和黏结力为

$$\phi = \arcsin\left(\frac{f_b f_c}{2f_a + f_b f_c}\right) \tag{7-38}$$

$$c = \frac{\sigma_{ci} f_c[s(1+2a) + (1-a)m_b\sigma_{3n}]}{f_a\sqrt{1 + \dfrac{f_b f_c}{f_a}}} \tag{7-39}$$

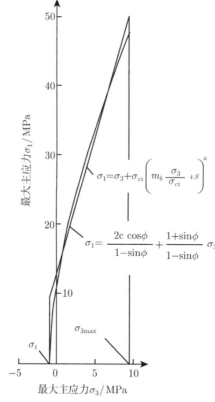

图 7-1 Hoek-Brown 准则和 Mohr-Coulomb 准则的最大主应力和最小应力关系

式中, $f_a = (1+a)(2+a)$; $f_b = 6am_b$; $f_c = (s + m_b\sigma_{3n})^{a-1}$; $\sigma_{3n} = \dfrac{\sigma_{3\max}}{\sigma_{ci}}$; $\sigma_{3\max} = 0.72\sigma_{cm}\left(\dfrac{\sigma_{cm}}{\gamma H}\right)^{-0.91}$; γ 为岩体容重; H 为边坡高度; σ_{cm} 表征岩体强度, $\sigma_{cm} = $

$$\sigma_{ci}\frac{[m_b + 4s - a(m_b - 8s)(m_b/4 + s)^{a-1}]}{2(1+a)(2+a)}。$$

根据等效强度参数 c 和 ϕ，即可计算 Mohr-Coulomb 准则下边坡的安全系数。

7.3.2　间接解法

1. 模型

为便于讨论，选取均质岩坡作为分析对象，该边坡高 20m，坡角为 45°，按照平面应变建立计算模型。单元划分原则：坡面附近网格划分相对较密，周边部分较疏。具体如下：单元尺寸在厚度和高度方向一致，长度方向呈坡面密外围疏的形状，疏密比例因子为 1.02，模型共 696 个单元，1518 个节点，计算尺寸如图 7-2 所示。岩体弹性模量 $E = 500\text{MPa}$，泊松比 $\mu = 0.26$，$\sigma_{ci} = 30\text{MPa}$，$\gamma = 25.0\text{kN/m}^3$，$m_i = 10$，$\text{GSI} = 15$，$D = 0$。通过式 (7-38)、式 (7-39)、式 (7-33) 参数计算得到 $a = 0.561$，$m_b = 0.48$，$s = 7.91\times10^{-5}$，$\sigma_{ci} = 30.0\text{MPa}$，$\sigma_{cm} = 2.01\text{MPa}$，$\sigma_{3\max} = 0.41\text{MPa}$，$\sigma_{3n} = 0.0136$，$\sigma_t = 4.94\text{kPa}$，等效黏结力 $c = 95.482\text{kPa}$，等效内摩擦角 $\phi = 40.3°$。模型底面边界认为是静止不动的，采用固定铰支，两个侧面没有剪应力，采用滚动支座，竖直方向没有约束，可自由滑动，产生竖向位移。收敛准则为不平衡力比例满足 10^{-5} 的求解要求。

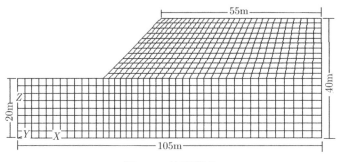

图 7-2　计算模型

2. 分析

采用边坡临界失稳的位移突变判据，记录坡顶的水平位移与折减系数的关系，如图 7-3 所示。从图中可以看出，随着 K 不断增大，边坡局部出现破坏，破坏区域迅速发展，位移不断增大，当其发生突变时，滑坡形成，导致整体失稳。采用本书第 3 章建议的双曲线方程对图 7-3 的数据进行拟合，拟合方法为最小二乘法。

由拟合方程满足的条件可知：此时的折减系数即为边坡整体安全系数 F。拟合结果见图 7-3：R^2 接近 1；由 $1 + aK = 0$ 得，$F_{\text{Hoek-Brown}} = 2.71$。

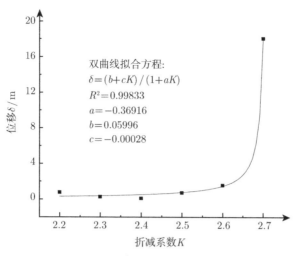

图 7-3 水平位移和折减系数的关系

7.3.3 参数影响分析

由式 (7-30)～式 (7-32) 可知，影响稳定性的主要参数为 m_i，D，GSI 和 σ_{ci}，分别改变其值，分析它们对稳定性的影响。以模型参数 $m_i = 10$，$D = 0.4$，GSI = 15，$\sigma_{ci} = 30$MPa 为标准，变化 m_i 于 $(5, 30)$，D 于 $(0, 1)$，GSI 于 $(5, 85)$，σ_{ci} 于 $(10, 130$MPa$)$ 得到各个影响因素变化后相应的计算参数值，见表 7-1，以及各个影响因素与边坡安全系数的关系，如图 7-4 所示。

表 7-1 各个影响因素对应的计算参数值

影响因素	m_i	GSI	D	a	m_b	$s/(10^{-5})$	σ_{ci}/MPa	σ_t/kPa	c/kPa	$\phi/(°)$
	5	15	0.4	0.56110	0.112455	1.85056	30.0	4.94	53.771	27.1
	10	15	0.4	0.56110	0.224909	1.85056	30.0	2.47	69.354	33.3
m_i	15	15	0.4	0.56110	0.337364	1.85056	30.0	1.65	80.530	37.1
	20	15	0.4	0.56110	0.449819	1.85056	30.0	1.23	89.476	39.8
	25	15	0.4	0.56110	0.562273	1.85056	30.0	0.987	97.039	41.8
	30	15	0.4	0.56110	0.674728	1.85056	30.0	0.823	103.648	43.5
	10	15	0	0.56110	0.48040	7.91279	30.0	4.94	95.482	40.3
	10	15	0.2	0.56110	0.34286	4.03045	30.0	3.53	82.735	37.2
D	10	15	0.4	0.56110	0.22491	1.85056	30.0	2.47	69.354	33.3
	10	15	0.6	0.56110	0.13079	7.46298	30.0	1.71	55.185	28.5
	10	15	0.8	0.56110	0.06349	2.55161	30.0	1.21	40.289	22.4
	10	15	1	0.56110	0.02308	7.03874	30.0	0.915	25.250	15.3

续表

影响因素	m_i	GSI	D	a	m_b	$s/(10^{-5})$	σ_{ci}/MPa	σ_t/kPa	c/kPa	$\phi/(°)$
GSI	10	5	0.4	0.61920	0.143922	0.51347	30.0	1.07	34.972	24.4
	10	15	0.4	0.56110	0.224909	1.85056	30.0	2.47	69.354	33.3
	10	25	0.4	0.53127	0.351471	6.66947	30.0	5.69	105.302	39.6
	10	35	0.4	0.51595	0.549251	24.0369	30.0	13.1	144.985	44.3
	10	45	0.4	0.50809	0.858325	86.6298	30.0	30.3	199.332	48.1
	10	55	0.4	0.50400	1.341323	312.2158	30.0	69.8	294.048	51.1
	10	65	0.4	0.50198	2.096114	1125.2336	30.0	161.0	487.167	53.3
	10	75	0.4	0.50091	3.275641	4055.3702	30.0	371.0	904.312	54.3
	10	85	0.4	0.50036	5.118914	14615.6557	30.0	857.0	1803.170	54.2
σ_{ci}	10	15	0.4	0.56110	0.224909	1.85056	10.0	0.823	46.018	26.1
	10	15	0.4	0.56110	0.224909	1.85056	30.0	2.47	69.354	33.3
	10	15	0.4	0.56110	0.224909	1.85056	50.0	4.11	84.023	36.8
	10	15	0.4	0.56110	0.224909	1.85056	70.0	0.576	40.203	23.9
	10	15	0.4	0.56110	0.224909	1.85056	90.0	7.41	105.489	40.8
	10	15	0.4	0.56110	0.224909	1.85056	110.0	9.05	114.340	42.1
	10	15	0.4	0.56110	0.224909	1.85056	130.0	10.7	122.464	43.2

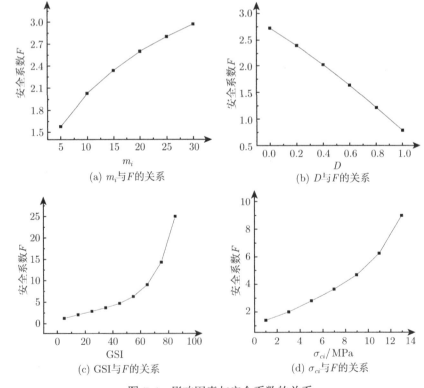

(a) m_i与F的关系　　　　　　　　(b) D与F的关系

(c) GSI与F的关系　　　　　　　　(d) σ_{ci}与F的关系

图 7-4　影响因素与安全系数的关系

从图 7-4 中可见,随着 m_i 的增大,安全系数 F 以非线性形态逐渐增大,并且曲线的斜率逐渐减小,说明 m_i 取值较小时,对 F 的影响较大。D 与 F 的关系近似线性关系,由于 D 表征岩体的弱化程度,从中可以看出,岩体弱化越严重边坡的安全系数越小,符合实际情况。GSI 和 σ_{ci} 与 F 的关系呈明显的非线性关系,并且随着影响因素的增大关系曲线的斜率越来越大,说明随 GSI 和 σ_{ci} 取值的逐渐增大,引起安全系数变化的灵敏度较高。综上对各影响因素与边坡安全系数之间的关系分析以及关系曲线的线性相关性分析,所有的影响因素与安全系数之间的关系通过回归分析所得的相关分析结果如表 7-2 所示。其中,m_i-F 符合二次抛物线分布;D-F 符合线性关系;GSI-F 符合双曲线关系;σ_{ci}-F 符合双曲线关系;并且各个回归曲线的相关系数均接近 1,说明回归方程对数据的拟合程度较高。

表 7-2　各影响因素与安全系数的相关分析

关系	回归函数	相关系数 R^2
m_i-F	$F = 1.138 + 0.09847m_i - 0.00124m_i^2$	0.99831
D-F	$F = -1.93571(D - 1.42903)$	0.99749
GSI-F	$F = (1.16284 + 0.03228\mathrm{GSI})/(1 - 0.00992\mathrm{GSI})$	0.99945
σ_{ci}-F	$F = (1.29702 + 0.14766\sigma_{ci})/(1 - 0.04923\sigma_{ci})$	0.99883

7.4　Hoek-Brown 准则强度折减法在三维边坡稳定性分析中的应用

7.4.1　工程概况

某矿区总体山势南高北低,属低山丘陵区,海拔最高 522.8m,最低 154m,相对高差 368.8m。该矿区由多个形成于不同构造环境、有着各自独立的建造特征、变形变质和构造演化序列的构造地层组成,经历了多阶段、多期次构造运动。矿区岩石类型简单,赋矿岩石主要为花岗斑岩,围岩及夹石为黑云斜长片麻岩、斜长角闪 (片) 岩、花岗斑岩,此外在局部边坡及东西两侧沟谷中有少量松散堆积。①花岗斑岩:分布于矿区中部,岩体主体部分出露在汤家坪沟西的山梁上。新鲜岩石为灰白-肉红色、肉红色,斑状结构、花岗结构,块状构造。岩石致密坚硬性脆,力学强度大,钻孔岩芯多呈长柱状,RQD 值 (%) 大于 90,部分裂隙由石英、黄铁矿和辉钼矿细脉充填,起到了新的联结作用,增加了岩石的稳固性。②黑云斜长片麻岩:分布于矿区边部,褐色-暗灰色,花岗变晶结构,片麻状构造。岩石普遍具有绿泥石化、黄铁矿化、弱蒙脱石 (高岭土) 化及硅化现象,岩石致密坚硬,力学强度大,节理、裂隙较发育,属隔水岩层。黑云斜长片麻岩属矿体围岩,影响着采场边坡稳定性。③斜长角闪岩：分布于矿区边部，灰褐–灰黑色，粒状变晶结构，块状构造、片 (麻) 状构造。岩石致密坚硬，力学强度较高裂隙弱发育，裂面一般平直闭合无充填，属隔水岩层，RQD 值 (%) 大于 85，岩石质量好 — 极好，岩石质量较好 — 好，岩体较完整 — 完整，稳固性较好 — 好。通过室内岩石力学试验以及相应的岩体参数工程处理，得到表 7-3。

表 7-3　岩样试验结果

岩石名称	采样地点	块体密度 /(g/cm^3)	弹性模量 /GPa	泊松比	黏结力 c/MPa	内摩擦角 ϕ/(°)	m	s
花岗斑岩	ZK804	2.61	44.7	0.17	0.757	48.96	8.6782	0.02389
斜长角闪岩	ZK1602	2.61	57.0	0.20	0.257	50.15	0.006688	0.000205
黑云斜长片麻岩	ZK1602	2.73	61.2	0.17	0.245	48.28	0.5648	0.0006237

7.4.2　数值模型

根据地质情况可知，F1~F8，F12 断裂远离矿体，不会影响到采场边坡的稳定性。F9~F11 断裂均展布在 16 勘探线基点两侧 80m 之内，长约 40m，宽 2~3m，产状分别为 5°∠75°、350°∠75°、10°∠75°。构造岩具角砾状结构，砾径 0.5~5cm；胶结物为硅质或岩粉。岩石具硅化、高岭土化、褐铁矿化，F9~F11 断裂虽然构成了矿体边界，但由于它们都是高倾角断裂 (75°)，结构面倾角大于未来采场边坡角，所以不会因此影响采场边坡稳定性。F13~F18 断裂展布在矿体之中。构造岩具角砾状结构，角砾成分为原岩，含量一般为 40%~70%，多为棱角状 — 次棱角状，砾径 0.5~3cm，大小混杂，部分具微定向排列特征；胶结物为硅质或岩粉。岩石具硅化、褐铁矿化，常见后期的细石英脉、方解石细脉穿插其间，稳固性较好。可看出存在的几个断层对边坡的稳定性影响较小，并且岩体参数的工程处理中也已考虑这些因素，因此模型建立过程中不对断层进行特别处理。

通过 ANSYS 建立三维边坡实体模型，利用自编的 ANSYS-FLAC^{3D} 接口程序，导入 FLAC^{3D} 建立计算模型，模型共 43457 个单元，8569 个节点。模型长 1680m，高 900m，宽 1000m，开挖边坡高 385m，具体计算模型和开挖顺序如图 7-5 所示。本模型采用 Hoek-Brown 准则；初始应力场按自重应力考虑。为了较真实地模拟边坡的开挖变形过程，分两步加载：第一步，仅考虑岩体自重情况；第二步，清除第一步产生的岩体位移，以模拟边坡开挖过程中的变形状态。对于三维边坡稳定性分析，边界条件对计算结果有较大的影响，模型侧面上的剪应力对安全系数的影响较大，当侧面只是约束法向位移时，侧面无法提供剪应力，与平面应变时的情况一样，无法反映三维效应，因此，本模型采用底面和侧面都固结的边界条件。

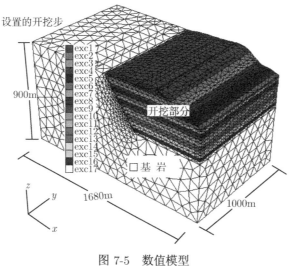

图 7-5 数值模型

7.4.3 监测点布置

岩体的变形破坏与其内在结构和所处的应力环境密切相关,应力路径不同,导致岩体的变形破坏也不同。边坡的开挖将使岩体产生位移扰动,这种扰动是一个非线性的力学过程,扰动过程中的位移本书称为动态位移。扰动结束后,若边坡仍处于平衡状态,各个部位的位移趋于稳定,此时的位移本书称为静态位移。为了揭示各个部位动、静态位移的变化情况,设置相应监测点,沿竖直方向均匀布置 $p01 \sim p05$,具体位置如图 7-6 所示,并在每个监测点位置沿边坡走向每隔 50m 布设一点,每条监测线共设 21 个监测点,动态位移监测点位于监测线的中点即 $y = 500m$ 剖面

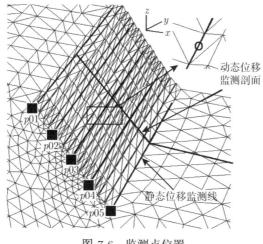

图 7-6 监测点位置

上；静态位移监测点的设置考虑到三维边界效应，在监测线的 $y = 100 \sim 900\mathrm{m}$ 共 5×17 个监测点。

由图 7-6 可知，所布设的监测点可能不位于网格节点上，因此，本书通过 FLAC^{3D} 自带的 FISH 语言编制位移插值程序，具体插值方法如下。

以四面体单元为例 (图 7-7)，单元内任一点 $Q(x_Q, y_Q, z_Q)$ 的位移 d_{Qx}, d_{Qy} 和 d_{Qz} 值可通过单元节点位移插值得到

$$\left\{ \begin{array}{c} d_{Qx} \\ d_{Qx} \\ d_{Qx} \end{array} \right\} = \left[\begin{array}{cccc} d_{1x} & d_{2x} & d_{3x} & d_{4x} \\ d_{1y} & d_{2y} & d_{3y} & d_{4y} \\ d_{1z} & d_{2z} & d_{3z} & d_{4z} \end{array} \right] \cdot \left\{ \begin{array}{c} \xi_1 \\ \xi_2 \\ \xi_3 \\ \xi_4 \end{array} \right\} \tag{7-40}$$

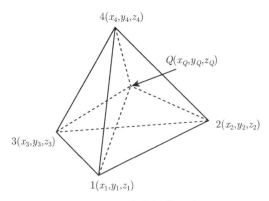

图 7-7　Q 点的插值位移

式中，$d_{ij}(i = 1,2,3;\ j = x,y,z)$ 为第 i 个节点在 j 方向上的位移；$\xi_i(i = 1,2,3,4)$ 为各个节点所对应的体积权重，其值为 $\xi_1 = V_{Q234}/V_{1234}$, $\xi_2 = V_{Q134}/V_{1234}$, $\xi_3 = V_{Q124}/V_{1234}$, $\xi_4 = V_{Q123}/V_{1234}$；$V_{Q234}$, V_{Q134}, V_{Q124}, V_{Q123}, V_{1234} 分别为下标四个节点所组成单元的体积，以 V_{1234} 为例，其值为

$$V_{1234} = \frac{1}{6} \left| \begin{array}{cccc} 1 & 1 & 1 & 1 \\ x_1 & x_2 & x_3 & x_4 \\ y_1 & y_2 & y_3 & y_4 \\ z_1 & z_2 & z_3 & z_4 \end{array} \right|$$

同理，可得到 V_{Q234}, V_{Q134}, V_{Q124}, V_{Q123}。

7.4.4　计算分析

1. 动态监测位移

边坡共分 17 步开挖，从动态位移监测图 (图 7-8) 中可看出，位移值逐渐增大，

在变化过程中共存在 17 个台阶, 说明每次开挖都引起岩体的扰动, 产生系统不平衡力, 使边坡从平衡状态转为不平衡状态, 随着时间的推移, 不平衡力逐渐消散均化到岩体中, 岩体的扰动逐渐减小, 最终位移趋于一定值 (图 7-9), 说明开挖扰动结束, 边坡处于平衡状态。动态水平位移图中, 各个监测点的位移均为正值, 即位移向坡面外发展。$p01 \sim p04$ 曲线按监测点位置从上到下先后出现突变现象, 这是因为随着开挖的进行, 各个监测点逐渐暴露出来, 成为临空面上的点, 失去右侧岩体的支挡作用, 位移明显增大。$p03$ 的最终位移值最大, 为 9.12mm, 说明最大的水平位移不发生在坡顶而是在坡顶往下的某一部位。开挖前期, $p01$ 的位移值和变化梯度均较大, 当开挖到第四步时 $p01$ 位移曲线的变化梯度减小, 并逐渐趋于平稳, 这是因为随着开挖的进行, 开挖台阶逐渐远离 $p01$, 因此扰动对其影响也逐渐减小。

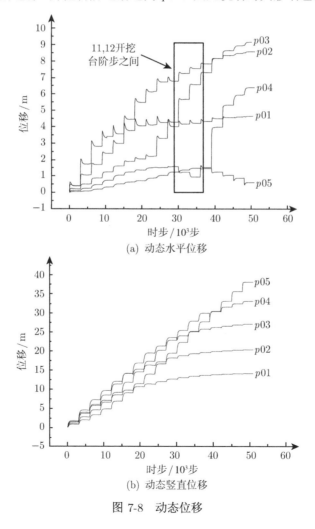

图 7-8 动态位移

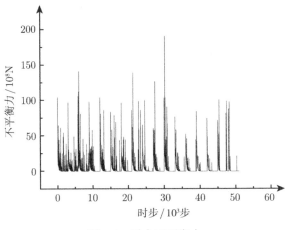

图 7-9　最大不平衡力

　　如图 7-8(a) 中矩形框 11, 12 开挖台阶步之间, $p02$、$p03$、$p05$ 曲线存在明显跳跃, 但这些点并不位于此开挖台阶附近, 说明此开挖台阶附近存在潜在滑动面剪出口, 并且从图 7-9 中也可看出, 该位置开挖引起的不平衡力最大。动态竖直位移图显示, 各个位移值均为正, 说明开挖引起边坡岩体的回弹。监测点越往下位移曲线的斜率越大, 达到极限平衡时刻的极限位移值也按此顺序逐渐增大, 最大回弹量为 38mm。当未开挖到该监测点时, 各个开挖步引起的回弹量基本相等; 并且本开挖步之前暴露出来的监测点的回弹量逐渐减小。

2. 静态监测位移

　　由静态位移监测曲线 (图 7-10) 可见, 位移最大值位于边坡表面监测线的中部, 远离坡面的介质内水平位移数值很小。另外, 水平位移方向都是指向临空面的。$p05$

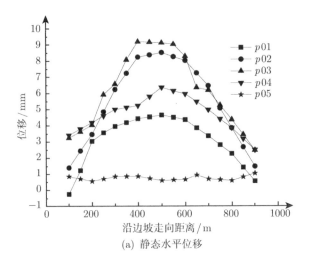

(a) 静态水平位移

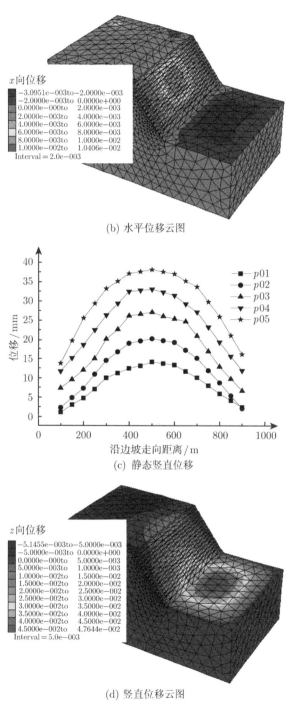

(b) 水平位移云图

(c) 静态竖直位移

(d) 竖直位移云图

图 7-10 静态位移

监测线上各点的位移值大致相同, 说明该点不位于潜在滑动体上。边坡上半部分的位移较大, 最大值位于 $p03$ 监测线的中部, 为 9.12mm。竖直位移图显示, 各个监测线上的点均存在回弹现象, 最大值同样位于各监测线的中部。开挖结束后, 边坡介质内的竖直位移都是正值, 说明重力产生的位移向下效应小于开挖扰动引起的回弹效应, 并且随着深度的增加回弹量越来越大。

3. 安全系数

根据广义 Hoek-Brown 准则安全系数的间接解法, 利用 FISH 语言编制相应的折减程序, 按照计算不收敛判据, 得到该边坡安全系数为 1.88 与剪应变增量云图, 如图 7-11 所示。剪应变增量最大的位置在 $p04$ 监测线附近, 说明该处最可能发生剪切破坏, 这与动态位移分析的结果相同。

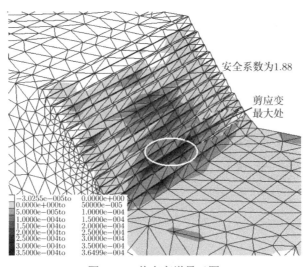

图 7-11   剪应变增量云图

7.5   强度折减法在 Ubiquitous 准则中的应用

7.5.1   分析模型

对于岩质边坡问题, 一般认为岩块强度较高, 结构面是边坡失稳的控制因素, 主要考虑结构面的力学参数。事实上对于大多数岩体结构, 同时考虑岩块属性和节理属性的力学模型更具有代表性。

Ubiquitous-Joint 模型是各向异性弹塑性模型, 它包含 Mohr-Coulomb 体内特殊方向上的弱面。根据应力状态、弱面产状以及模型体和弱面的材料特性的不同, 屈服可能发生在岩体内, 或者发生在弱面上, 或者在两个部分同时发生。这种模型在 FLAC^{3D} 中的实现方法是[62]：首先判别总体破坏，同时应用相应的塑性修正法则，然后对更新的应力进行分析。Ubiquitous-Joint 模型同时考虑岩体和节理的物理力学属性，其中材料的剪切破坏采用非关联流动法则，拉伸破坏采用关联流动法则。弱面的倾向是由笛卡儿坐标分量定义的。在整体坐标中用 x, y, z 表示，在局部坐标中用 x', y', z' 表示。材料破坏包含拉伸破坏和剪切破坏，如图 7-12 所示。

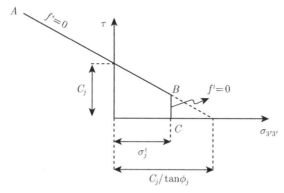

图 7-12　弱面破坏准则

破坏包络线 $f(\sigma_1, \sigma_3) = 0$，从 A 到 B 由剪切破坏准则 $f^s = 0$ 定义

$$f^s = \tau + \sigma_{3'3'} \tan\phi_j - c_j = 0 \tag{7-41}$$

拉伸破坏 (BC 段) 修正后的应力增量关系可表示为

$$f^t = \sigma_{3'3'} - \sigma_j^t = 0 \tag{7-42}$$

式中，ϕ_j, c_j 和 σ_j^t 分别为弱面的内摩擦角、黏结力和抗拉强度；对于 $\phi_j \neq 0$ 的弱面，抗拉强度最大值为 $\sigma_{j\,\max}^t = \dfrac{c_j}{\tan\phi_j}$。

用隐函数 g^s 和 g^t 表征材料的剪切和拉伸塑性流动规律，其中函数 g^s 对应非关联流动法则，其形式为

$$g^s = \tau + \sigma_{3'3'} \tan\psi_j \tag{7-43}$$

式中，ψ 为膨胀角。

函数 g^t 为相关联的流动法则，其形式为

$$g^t = \sigma_{3'3'} \tag{7-44}$$

当岩体应力状态处于稳定区域时，岩体呈弹性状态，不需要进行塑性修正，而进入屈服区域时，根据关联 (非关联) 流动法则，需进行修正。

对于剪切破坏情况 (AB 段)，由于 $\sigma_i^N = \sigma_i^I - \lambda S_i \left(\dfrac{\partial g}{\partial \sigma_n} \right)$，并考虑到 $f = f^s$，修正后的应力增量关系可以表示为

$$\Delta \sigma_{1'1'} = -\lambda^s \alpha_2 \tan \psi_j$$

$$\Delta \sigma_{2'2'} = -\lambda^s \alpha_2 \tan \psi_j$$

$$\Delta \sigma_{3'3'} = -\lambda^s \alpha_1 \tan \psi_j$$

$$\Delta \sigma_{1'3'} = \sigma_{1'3'}^0 \frac{\tau^N - \tau^0}{\tau^0}$$

$$\Delta \sigma_{2'3'} = \sigma_{2'3'}^0 \frac{\tau^N - \tau^0}{\tau^0} \tag{7-45}$$

式中，各应力的上角标中"0"为计算过程中的原始应力，"N"为计算过程中的更新应力；各应力的下角标为应力方向，$1'1'$ 为层理面倾向方向，$2'2'$ 为与 $1'1'$ 垂直的水平方向，$3'3'$ 为层理面法向方向；$\lambda^s = \dfrac{f^s(\sigma_{3'3'}^0, \tau^0)}{2G + \alpha_1 \tan \psi_j \tan \phi_j}$，$\alpha_1$ 和 α_2 为由剪切模量和体积模量定义的材料常数，$\alpha_1 = K + \dfrac{4}{3} G$，$\alpha_2 = K - \dfrac{2}{3} G$。

由于 $\sigma_i^N = \sigma_i^I - \lambda S_i \left(\dfrac{\partial g}{\partial \sigma_n} \right)$，并考虑到 $f = f^t$，拉伸破坏 (BC 段) 修正后的应力增量关系可表示为

$$\Delta \sigma_{1'1'} = -(\sigma_{3'3'}^0 - \sigma_j^t) \frac{\alpha_2}{\alpha_1}$$

$$\Delta \sigma_{2'2'} = -(\sigma_{3'3'}^0 - \sigma_j^t) \frac{\alpha_2}{\alpha_1}$$

$$\Delta \sigma_{3'3'} = \sigma_j^t - \sigma_{3'3'}^0 \tag{7-46}$$

式中，c_j，ϕ_j，σ_{jt} 分别为节理面的黏结力、内摩擦角及抗拉强度；对于内摩擦角不为零的弱面，抗拉强度的最大值为 $\sigma_{j\,\max}^t \dfrac{c_j}{\tan \phi_j}$。

7.5.2　数值模型

该边坡高 60m，坡角 50°，层理倾角 0°～90°，变化梯度为 10°，倾向与边坡倾向一致；按照平面应变建立 FLAC^{3D} 计算模型，模型共 556 个单元，1218 个节点。边界条件为下部固定，左右两侧水平约束，上部为自由边界；计算模型尺寸和土层参数如图 7-13 所示。采用 Ubiquitous-Joint 准则，初始应力场按自重应力场考虑；计算收敛准则为不平衡力比例 r_a 满足 10^{-5} 的求解要求；边坡岩土体参数见表 7-4。

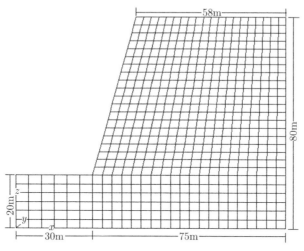

图 7-13 计算模型

表 7-4 边坡模型参数

岩性	弹性模量 E/GPa	泊松比 μ	容重/(kN/m^3)	黏结力 c/kPa	内摩擦角 ϕ/(°)	抗拉强度/kPa
岩体	5.0	0.25	25.0	500	30.0	100
节理				100	25	10

7.5.3 计算方法

由于 Ubiquitous-joint 模型中材料强度参数包括了岩石的黏结力 c_r 和内摩擦角 ϕ_r 以及层理面的黏结力 c_j 和内摩擦角 ϕ_j，根据应力状态、层理面产状以及模型体和层理面的材料特性的不同，屈服可能发生在岩体内，或者发生在层理面上，或者在两个部分同时发生；因此，在强度折减法实施过程中，同时对 c_r, $\tan(\phi_r)$, c_j 和 $\tan(\phi_j)$ 进行折减；当系统计算无法收敛时，认为边坡达到临界状态，利用自编的 FISH 程序判断收敛状态并记录相应安全系数。

7.5.4 计算分析

1. 最大不平衡力

图 7-14 为边坡临界滑动之前，坡体内最大不平衡力与计算时步的关系。不平衡力表征系统是否达到平衡状态。由于外载荷加入使岩体产生扰动，导致各个节点受力不平衡；随着时间的推移，最大不平衡力从峰值回落，逐渐减小并最终趋近于零，说明不平衡力逐渐消散均化到岩体中，使岩体的扰动逐渐减小，最终趋于平衡。对于不同倾角的层状边坡，加载初步的最大不平衡力相等，为 208.3kN；但由于节理倾角不同，不平衡力传递的路径和方式不同，导致中后期不平衡力不相同。

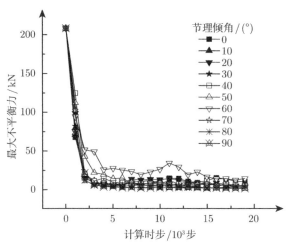

图 7-14   最大不平衡力与计算时步的关系

2. 节理倾角与边坡安全系数的关系

节理产状及力学性质对边坡稳定性影响较大。边坡失稳主要是由于节理在应力场作用下的破裂引起的，且节理破裂范围与下部潜在滑动面完全对应。由于潜在滑体下部的大量变形，滑体上部产生较大拉应力引起拉破坏，而非节理破坏。此类边坡失稳属典型的岩体和节理的组合破坏。节理倾角与边坡安全系数密切相关(图 7-15)。

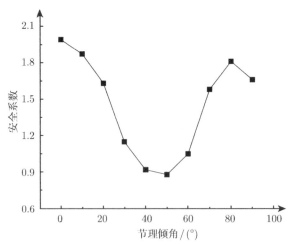

图 7-15   节理倾角与安全系数的关系

图 7-15 为不同节理倾角下边坡的安全系数，表明陡倾角节理对边坡稳定性的影响较小，并存在最不利的节理倾角。由图中所示节理倾角为 50° 时边坡安全系数最小。边坡整体安全系数 F 随节理倾角 β 先减小后增大，呈现两头高中间低

的形态，β 位于区间 $[20°\sim30°]$，$[60°\sim70°]$ 时，变化梯度最大，分别为 $0.48/10°$ 和 $0.53/10°$，说明该区间内 F 对 β 的灵敏度最大；当 $\beta > 80°$ 时，F 又逐渐减小，这是由于层状岩体破坏主要有四种模式：弯折–倾倒–滑移型、弯曲–溃曲型、直立边坡弯折–崩塌型、楔形体破坏型。当 $\beta < 80°$ 时，该层状边坡的破坏形式主要是滑移破坏，当 $\beta > 80°$ 时，其破坏形式转变为溃曲和滑移组合破坏，如图7-16 所示。

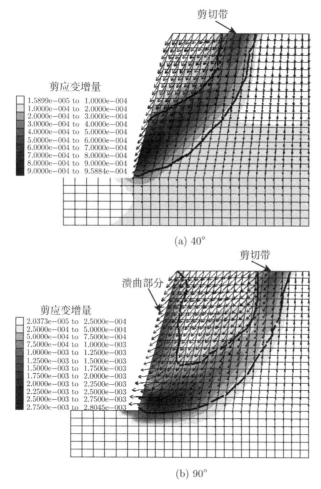

图 7-16 剪应变增量分布

为节省篇幅，本书只列出节理倾角为 $40°$ 和 $90°$ 的边坡剪应变增量分布图，两个边坡模型对应的安全系数分别为 0.92 和 1.66。随着折减系数的增大，边坡逐渐趋于临界失稳状态，由强度折减技术可得各个边坡的潜在滑动面位置，当节理倾角 $\beta = 40°$ 时，边坡的破坏面主要为一狭长的剪切带，主要由剪切破坏引起边坡整体破坏；当 $\beta = 90°$ 时，边坡的破坏面由剪切带和坡表面的溃曲破坏面组合形成。

第8章　强度折减法的工程应用

8.1　引　言

层状岩质边坡的破坏与失稳是岩土工程重大灾害之一, 研究其破坏类型、机理以及稳定性具有现实意义。本章拟采用 FLAC^{3D} 强度折减法对层状岩质边坡的破坏模式进行数值模拟。

在边坡稳定性分析方法领域, 传统的二维分析方法概念明确, 计算方便, 理论体系成熟且往往能够得到偏于保守的解, 该体系方法已经在边坡工程的设计与施工过程中得到广泛应用。随着人们认识水平、计算水平的提高, 以三维极限平衡方法及三维数值计算方法为代表的边坡稳定性三维分析方法日渐兴起。大型复杂边坡对传统的基于平面应变模型的二维分析方法提出了挑战, 为适应新的工程需求, 人们迫切需要将分析维度由二维向三维拓展。本章拟建立边坡三维数值分析模型, 分析不同边界条件: 全约束边界、半约束边界以及自由边界, 对边坡安全系数及滑动面的影响, 并探讨相应的影响因素。

以往大部分的研究主要针对边坡在重力作用下的稳定性问题, 边坡的岩土体往往沿潜在滑动面存在向下滑动的趋势, 但当坡面上受到水平荷载作用时, 边坡岩土体向下滑动的趋势会受到抑制, 从而提高边坡的稳定性 (类似挡土墙的作用), 甚至当水平荷载足够大时可改变边坡的破坏模式。针对此种类型的边坡稳定性问题研究的还较少。为了研究坡面荷载作用下的三维边坡稳定性, 利用数值计算方法建立三维边坡分析模型, 分别改变岩土体参数、坡面荷载的分布范围和大小, 探讨边坡安全系数、变形和破坏模式的变化情况。

8.2　数值计算原理

FLAC^{3D} 的基本原理是拉格朗日差分法。拉格朗日差分法源于流体力学。在流体力学中有两种主要的研究方法, 一种是定点观察法, 也称欧拉法; 另一种是随机观察法, 称为拉格朗日法。后者是研究每个流体质点随时间内的运动轨迹、速度、压力等特征。拉格朗日法是一种利用拖带坐标系分析大变形问题的数值方法, 并用差分格式按时步积分求解。随着构形的不断变化, 不断更新坐标, 允许介质有较大的变形。

FLAC^{3D} 将连续介质离散化为四面体单元, 作用力和质量均集中于节点上。由高斯散度理论有

$$\int_V v_{i,j}\mathrm{d}V = \int_S v_i n_j \mathrm{d}S \tag{8-1}$$

式中, n_j 为外法线单位向量分量; v_i 为节点速度分量; V 为单元体积; S 为单元节点对应面的面积。积分分别沿着四面体的体积和表面进行。

对于常应变率的四面体单元, 基速度是线性变化的, 对式 (8-1) 积分有

$$V v_{i,j} = \sum_{f=1}^4 \bar{v}^{(f)} n_j^{(f)} S^{(f)} \tag{8-2}$$

式中, 上角标 "f" 表示与面 f 相联系变量的值; $\bar{v}^{(f)}$ 为面 f 速度分量的平均值, 对于线性速度, 其平均值为

$$\bar{v}^{(f)} = \frac{1}{3}\sum_{l=1,l\neq f}^4 v_i^{(l)} \tag{8-3}$$

式中, l 为节点编号。则应变和应变张量分量分别为

$$v_{i,j} = -\frac{1}{3V}\sum_{i=1}^4 v_i^{(l)} n_j^{(l)} S^{(l)} \tag{8-4}$$

$$\xi_{ij} = -\frac{1}{6V}\sum_{l=1}^4 (v_i^l n_j^{(l)} + v_j^l n_i^{(l)}) S^{(l)} \tag{8-5}$$

由虚功原理可推导出节点不平衡力

$$F_i^{(l)} = \sum_{l=1}^4 \left(\frac{\sigma_{ij} n_j^{(l)} S^{(l)}}{3} + \frac{\rho b_i V}{4} \right) + P_i^{(l)} \tag{8-6}$$

式中, b_i 为体力; $P_i^{(l)}$ 为外力。则根据牛顿运动定律, 对任一节点 l 有

$$\left(\frac{\partial v_i(t)}{\partial t} \right)^{(l)} = \frac{F_i^{(l)}(t)}{M^{(l)}} \tag{8-7}$$

式中, $M^{(l)}$ 为节点 l 的集中质量。用中心差分近似表示速度对时间的导数, 则由式 (8-7) 可得节点 l 的速度、位移和单元应变增量的表达式

$$v_i^{(l)}(t+\Delta t/2) = v_i^{(l)}(t-\Delta t/2) + \frac{F_l^{(l)}(t)}{M^{(l)}}\Delta t \tag{8-8}$$

$$v_i^{(l)}(t+\Delta t) = u_i^{(l)}(t) + \Delta t v_i^{(l)}(t+\Delta t/2) \tag{8-9}$$

$$\Delta\varepsilon_{ij} = \frac{1}{2}(v_{i,j}+v_{j,i})\Delta t \tag{8-10}$$

式中，Δt 为计算时步，$u_i^{(l)}(t)\big|_{t=0} = 0$。

假定应力–应变关系可表示为

$$\sigma_{ij} = D(\sigma_{ij}, \varepsilon_{ij}, \kappa) \tag{8-11}$$

式中，D 为给定函数；κ 为考虑荷载历史的参数。

则应力增量为

$$\Delta\sigma_{ij} = D(\sigma_{ij}, \varepsilon_{ij}\Delta t, \kappa) \tag{8-12}$$

在每一时步内，将其与前一时刻的应力分量累加可得新的应力分量，进入下一时步的计算。

利用 FALC³D 软件进行岩土工程数值分析的步骤一般为以下七步：①定义模型分析的目标；②产生一个物理系统的概念图；③构造和运行简单的理想化模型；④收集指定问题的数据；⑤准备一系列详细的模型运行；⑥执行模拟计算；⑦当前结果的解释。具体的流程图如图 8-1 所示。

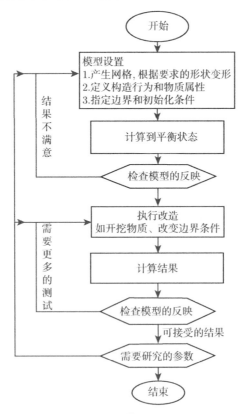

图 8-1　FLAC³D 计算流程图

8.3 Mohr-Coulomb 强度折减法在层状边坡稳定性
分析中的应用

层状岩质边坡的破坏与失稳是岩土工程重大灾害之一, 研究其破坏类型、机理以及稳定性具有现实意义。本节首先运用 FLAC^{3D} 对层状岩质边坡的破坏模式进行数值模拟, 然后采用强度折减法计算不同结构面倾角对边坡稳定性的影响。

8.3.1 地质概况

某公路地处云贵高原余脉武陵山脉, 岩体层状结构明显。岩体的结构很大程度上影响着边坡的稳定性。当公路经过节理岩体地质结构层时, 由于公路开挖的影响, 往往容易发生路堑边坡滑坡、崩塌、碎落等地质病害, 造成巨大经济以及人员损失。因此, 应全面探讨岩体地质路堑边坡可能发生的病害种类及影响因素、产生原因和形成机理, 在此基础上为路堑开挖设计边坡坡比提出合理化建议, 并对该路层状岩体路堑边坡提出经济、适用、安全、美观的防护方案, 预防岩体路堑大型滑坡灾害的形成和发生。该公路沿线属于低山丘陵地貌, 地形起伏较大, 地面黄海高程一般 42~490m。沿线路段地势陡峻, 冲沟发育, 地面自然坡度一般 15°~45°, 最大坡度约 80°, 自然坡体较稳定。区内水网密集, 河流、溪沟发育, 主要为巫水河、三渡江及清溪, 其次为小水沟及排水渠道, 均经地下与地表径流汇入巫水河后流入沅水。路线行经地区植被发育, 农作物茂盛, 原生植被以草木为主, 栽培植物多为果树等。区内地表水体属沅水流域, 较大的主要有沅水的支流巫水, 其次有三渡江及清溪, 水量较小的小水沟、水渠分布较多, 地表水发育, 主要接受大气降水补给, 水量随季节变化面变化, 雨季较大, 旱季较小。地下水主要为赋存于高 (低) 液限粉 (黏) 土、含砾黏性土层中的上层滞水、砂、卵石层中的孔隙潜水及基岩裂隙潜水与岩溶水, 主要接受大气降水的补给。上层滞水及孔隙水与地表水体有直接的水力关系, 相互形成互补关系; 基岩裂隙水与岩溶水水量不大, 富水不均匀, 只在裂隙及岩溶较发育的位置含水量较丰富。

8.3.2 失稳机制

对节理边坡而言, 滑动失稳是边坡失稳破坏的主要形式, 滑动失稳破坏是在内外综合因素作用下, 系统从量变到质变, 从劣化因素的不断积累到最终发生突变失稳破坏的一个变化过程。在这一变化过程中, 岩体内孕育并最终将形成一个贯通的、其上各点均达到塑性极限平衡状态的滑移破坏面, 这个滑移面的形成是边坡整体失稳滑动的标志。

潘家铮[63] 在详细分析了岩体结构抗滑稳定的各种方法后, 提出了以下两条原

理 (最大最小原理):

(1) 滑坡如能沿许多滑面滑动, 则失稳时, 它将沿抵抗力最小的一个滑面破坏 (最小值原理);

(2) 滑坡体的滑面确定时, 则滑面上的反力以及滑坡体内的内力能自行调整, 以发挥最大的抗滑能力 (最大值原理)。

由此可见, 对处于一定应力状态的节理边坡岩体, 其岩体内必存在一个安全系数最小的潜在滑移面, 该潜在滑移面上各点单元的安全系数并不相等, 当在内外劣化因素的综合作用下, 潜在滑移面上安全系数较小的点将首先达到塑性破坏状态, 破坏后点单元的应力将出现衰减, 并进入到残值应力状态, 其衰减的不平衡力将转移到邻近的点单元, 该临域点通过自身变形调整, 借以发挥出其潜在的抗滑能力, 但当该点的抗力发挥到极限强度时, 依然不能与外力平衡, 此时将导致该点的连续破坏。在某一劣化应力状态下, 潜在滑移面上可能产生点单元的连锁破坏效应, 这时不平衡荷载将沿滑移面各点连续向下传递, 最终形成一个贯通的塑性滑移面, 滑移面上的滑移体在不平衡静力荷载作用下将产生滑移运动, 从而最终导致滑坡的产生。

8.3.3　数值计算方法

数值模型中存在一组优势结构面, 将其看成软弱结构面, 因此岩体和结构面均采用实体单元模拟, 按照连续介质处理, 只是材料参数不同而已。结构面倾角为 β, 厚度为 2.0m, 结构面间距为 8.0m。利用自编的 ANSYS-FLAC^{3D} 接口程序, 按照平面应变建立计算模型, 如图 8-2 所示, 边坡角为 50°。模型长 260m, 坡高 60m。边界条件为下部固定约束, 左右两侧法向约束, 上部为自由边界。边坡计算参数见表 8-1。

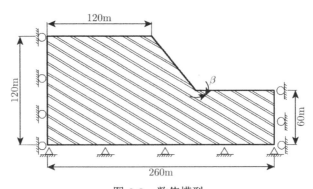

图 8-2　数值模型

表 8-1 计算参数

岩层	容量/(kN/m³)	弹性模量/Gpa	泊松比 ν	黏结力/kPa	摩擦角/(°)	抗拉强度/MPa
岩体	25	16	0.21	800	36	1.41
结构面	20	2	0.30	100	20	0.01

计算模型采用岩土工程中应用最为广泛的 Mohr-Coulomb 模型，该模型包含剪切和拉伸两个准则 (图 8-3)。

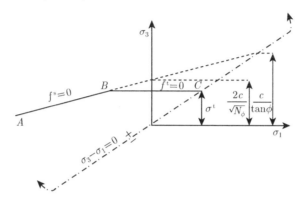

图 8-3 FLAC^{3D} Mohr-Coulomb 破坏准则

主应力空间中 (拉为正，压为负)，由 Hooke 定律可得应力增量的表达式为

$$\Delta\sigma_1 = \alpha_1\Delta\varepsilon_1^e + \alpha_2(\Delta\varepsilon_2^e + \Delta\varepsilon_3^e)$$

$$\Delta\sigma_2 = \alpha_1\Delta\varepsilon_2^e + \alpha_2(\Delta\varepsilon_1^e + \Delta\varepsilon_3^e)$$

$$\Delta\sigma_3 = \alpha_1\Delta\varepsilon_3^e + \alpha_2(\Delta\varepsilon_1^e + \Delta\varepsilon_2^e) \tag{8-13}$$

式中，α_1 和 α_2 为由剪切模量和体积模量定义的材料常数，$\alpha_1 = K + \dfrac{4}{3}G$，$\alpha_2 = K - \dfrac{2}{3}G$。

破坏包络线 $f(\sigma_1, \sigma_3) = 0$，从 A 到 B 由剪切破坏准则 $f^s = 0$ 定义

$$f^s = \sigma_1 - \sigma_3 N_\phi + 2c\sqrt{N_\phi} \tag{8-14}$$

从 B 到 C 由拉伸破坏准则 $f^t = 0$ 定义

$$f^t = \sigma_3 - \sigma^t \tag{8-15}$$

式中，σ^t 为抗拉强度；$N_\phi = \dfrac{1 + \sin(\phi)}{1 - \sin(\phi)}$。

用隐函数 g^s 和 g^t 表征材料的剪切和拉伸塑性流动规律，其中函数 g^s 对应非关联流动法则，其形式为

$$g^{\mathrm{s}} = \sigma_1 - \sigma_3 N_\psi \tag{8-16}$$

式中，$N_\psi = \dfrac{1 + \sin\psi}{1 - \sin\psi}$；$\psi$ 为膨胀角。

函数 g^{t} 为相关联的流动法则，其形式为

$$g^{\mathrm{t}} = -\sigma_3 \tag{8-17}$$

当岩体应力状态处于稳定区域时，岩体呈弹性状态，不需要进行塑性修正，而进入屈服区域时，根据关联 (非关联) 流动法则，需进行修正。

对于剪切破坏情况 (AB 段)，修正后的应力增量关系可以表示为

$$\sigma_1^N = \sigma_1^I - \lambda^{\mathrm{s}}(\alpha_1 - \alpha_2 N_\psi)$$

$$\sigma_2^N = \sigma_2^I - \lambda^{\mathrm{s}}\alpha_2(1 - N_\psi)$$

$$\sigma_3^N = \sigma_3^I - \lambda^{\mathrm{s}}(-\alpha_1 N_\psi + \alpha_2) \tag{8-18}$$

式中，$\lambda^{\mathrm{s}} = \dfrac{f^{\mathrm{s}}(\sigma_1^I, \sigma_3^I)}{(\alpha_1 - \alpha_2 N_\psi) - (-\alpha_1 N_\psi + \alpha_2)N_\psi}$。

拉伸破坏 (BC 段) 修正后的应力增量关系可表示为

$$\sigma_1^N = \sigma_1^I - (\sigma_3^I - \sigma^{\mathrm{t}})\frac{\alpha_2}{\alpha_1}$$

$$\sigma_2^N = \sigma_2^I - (\sigma_3^I - \sigma^{\mathrm{t}})\frac{\alpha_2}{\alpha_1}$$

$$\sigma_3^N = \sigma^{\mathrm{t}} \tag{8-19}$$

8.3.4   分析与讨论

1. 水平层状边坡

如图 8-4 所示，水平层状岩质边坡的优势结构面呈水平或近水平分布，主要受岩体自重力影响而产生滑移力。坡顶变形破坏早于坡面和坡脚，坡顶变形破坏是由

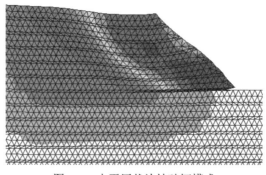

图 8-4   水平层状边坡破坏模式

水平拉应力作用，形成上宽下窄的张裂隙，并逐渐扩展加深。张裂隙随坡高增大，坡角变陡，裂隙条数增多，深度加大。算例边坡中结构面通过坡脚，从而在重力沿临空面分力的作用下形成沿坡脚滑出的变形破坏，该类破坏属压剪性质。

2. 顺倾向层状边坡

顺倾向层状边坡是指坡体内的优势结构面与边坡具有相同的倾向，如图 8-5 所示。其主要受自重而引起的顺层滑移力作用，稳定性受岩层走向、夹角大小、坡角与结构面倾角组合关系、结构面的发育程度及强度所控制。当结构面倾角 β 小于坡角 α 时，变形破坏多是沿层面的剪切滑移 [如图 8-5(a)~(d) 组]，坡后缘出现向坡外偏移，前缘出现沿层面滑出及产生滑移–压致拉裂裂隙等现象。滑移–压致拉裂裂隙主要出现在结构面上缘与坡顶交切处。

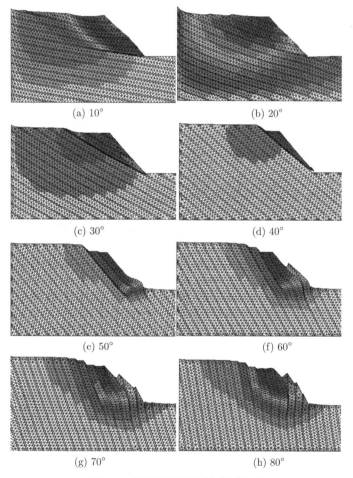

(a) 10°　　　　　　　　　　(b) 20°

(c) 30°　　　　　　　　　　(d) 40°

(e) 50°　　　　　　　　　　(f) 60°

(g) 70°　　　　　　　　　　(h) 80°

图 8-5　顺倾向层状边坡破坏模式

当岩层倾角 β 大于临空面倾角 α 时，破坏形式除了沿层面的剪切滑移外，还包括坡脚处的应力集中导致岩层的溃曲变形 [如图 8-5(e)~(h) 组]，这是由于层面倾角 β 远大于层面内摩擦角 ϕ (即 $\beta \gg \phi$)，岩层面不具备临空条件，并长期受重力作用，边坡中下部结构面产生弯曲隆起，岩体沿结构面滑动。随着荷载的进一步作用及岩层的蠕变，在层状结构面比较密集、层状体较薄时，弯曲变形进一步加剧，形成类似褶曲的弯曲形态。浅表部岩层发生明显的层间差异错动，后缘拉裂，并在局部地段形成拉裂陷落带。溃曲程度取决于岩层倾角、岩层抗弯刚度、边坡坡角和岩层面抗剪强度等因素。

3. 直立层状边坡

从图 8-6 中可见，直立层状边坡的弯曲部分主要在结构面上缘，不似顺层结构面的中下部溃曲。在重力作用下，板状岩层产生向坡外弯曲变形，板间拉裂，并逐渐塌落。距临空面较近的岩层主要发生弯曲变形，较远处除了发生弯曲变形外还伴随明显的溃曲破坏，薄板状的岩层沿层间挤压带启开，沿岩层方向发生轻微差异性层间错动。由于不均匀的层间错动，岩体在裂隙面上的剪应变累积起来，坡体后缘出现一系列的拉裂缝，同时还在层间出现了局部的陷落带，前缘沿弯折破碎带剪出，形成崩塌。

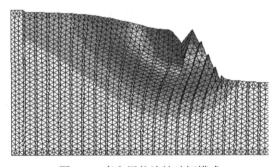

图 8-6 直立层状边坡破坏模式

4. 逆倾向层状边坡

逆倾向层状边坡 (图 8-7) 稳定性由坡角与结构面倾角组合、岩层厚度、层间结合能力及反倾结构面发育与否所决定。当岩层倾角较小时，边坡的主要破坏形式为沿边坡底层台阶面滑出，但滑出位置并不在坡脚，而是距坡脚一定距离的台阶面上，坡顶和坡体岩层倾倒变形较小 [如图 8-7(a)~(d) 组]。

随着岩层倾角及坡角和坡高增大，层状岩体产生向坡外的弯折变形，局部崩塌滑动伴随坡面局部开裂，出现重力褶皱及重力错动带，最终主应力、剪应力超过结构面抗拉和抗折强度，发生折断破坏 [如图 8-7(e)~(h) 组]，引起边坡倾倒失稳。

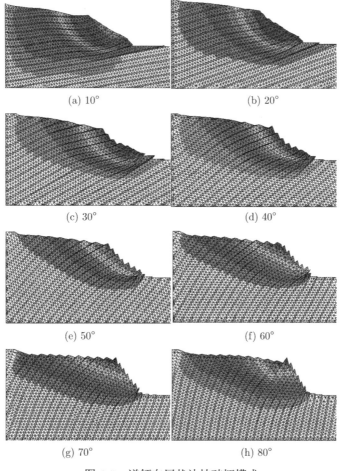

图 8-7   逆倾向层状边坡破坏模式

5. 结构面倾角对稳定性的影响

采用强度折减法计算结构面倾角与边坡安全系数之间的关系, 得到图 8-8。从图中可见, 对于顺倾向边坡, 安全系数 F 随结构面倾角 β 先减小后增大, 呈现两头高中间低的形态, 在 $\beta = 30°$ 时安全系数最小, 且 $\beta = 90°$ 的边坡安全系数大于 $\beta = 0°$ 的安全系数; β 位于区间 $[10°, 60°]$ 时, 曲线基本以 $\beta = 30°$ 为轴呈对称分布; 在此区域内 F 随 β 的变化梯度较大, 当 $\beta > 60°$ 时曲线的斜率逐渐减缓, 并且 $90° > \beta > 80°$ 时, 曲线呈下降状态, 此时边坡破坏形式从滑移–溃曲破坏转变为弯折–崩塌破坏。对于逆倾向边坡, 曲线形式与顺倾向边坡有较大不同, 呈现增大 — 减小 — 增大的态势, 其拐点分别位于 $\beta = 20°$ 和 $\beta = 70°$ 位置, 并且曲线大部分高于顺倾向边坡的曲线, 说明逆倾向边坡的稳定性大于顺倾向边坡, 符合实际情况。但当 $\beta > 55°$ 时, 顺倾向边坡的安全系数大于逆倾向边坡, 这是因为此时顺倾向边坡发生下部岩层溃曲破坏，而逆倾向边坡发生上部岩层弯曲-倾倒破坏。下部岩层受到来自右侧岩体的支挡，而上部岩层为临空面无岩体支挡作用。

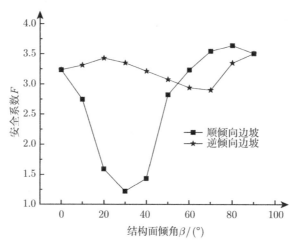

图 8-8   结构面倾角与安全系数的关系

8.4   三维边坡的边界效应

在边坡稳定性分析方法领域，传统的二维分析方法概念明确，计算方便，理论体系成熟且往往能够得到偏于保守的解，该体系方法已经在边坡工程的设计与施工过程中得到广泛应用。随着人们认识水平、计算水平的提高，以三维极限平衡方法及三维数值计算方法为代表的边坡稳定性三维分析方法日渐兴起。大型复杂边坡对传统的基于平面应变模型的二维分析方法提出了挑战，为适应新的工程需求，人们迫切需要将分析维度由二维向三维拓展。三维分析方法更加契合工程实际，能更好地处理几何形状复杂、边界条件多样、材料强度存在变化的复杂边坡稳定性问题，能为边坡工程设计与施工提供更为科学的指导。本章建立边坡三维数值分析模型，分析不同边界条件：全约束边界、半约束边界以及自由边界，对边坡安全系数及滑动面的影响，并探讨相应的影响因素，以期为边坡稳定性的三维数值分析方法在工程实际中的推广运用提供参考。

8.4.1   数值模型

建立边坡体三维计算模型如图 8-9 所示，边坡各维度尺寸及材料参数见表 8-2 及表 8-3。在本模型中，坡脚到左端边界的距离 L_1 设为高 H 的 1.5 倍，上下边界总高 $(D + H)$ 设为 $2H$。边坡的约束条件是影响边坡稳定性的一个重要因素。在二维极限平衡分析及三维平面应变模型中，均假定单元质点沿边坡宽度方向 (即本模

型中的 y 方向) 的位移为零。然而实际工程中边坡体的约束条件非常复杂,有时采用这种简单的约束条件进行分析计算会产生非常大的误差甚至错误。为更好地模拟实际边坡的约束条件,本章在分析边坡三维效应时,建立了全约束边界、半约束边界及自由边界条件三种边界类型。假设两个 y 面约束法向位移,称为自由边界 (smooth-smooth 型,简称 SS);一个 y 面约束法向位移,另一个 y 面约束三个方向的位移,称为半约束边界 (smooth-rough 型,简称 SR);两个 y 面约束三个方向的位移,称为全约束边界 (rough-rough 型,简称 RR)。表 8-4 给出了这几种典型边界类型的约束情况,其中 PL 表示平面应变模型。自由约束条件相当于在边坡体四周四个侧面添加沿侧面法向方向的滚轴支撑,全约束条件相当于在前后两个侧面添加滚轴支撑,而左右两个侧面处节点被完全固结。

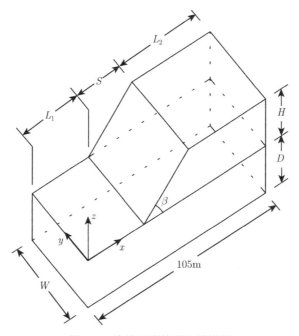

图 8-9   边坡三维数值计算模型

表 8-2   边坡三维计算模型尺寸

W/m	L_1/m	L_2/m	S/m	H/m	D/m	$\beta/(°)$
$0.25H \sim 10H$	30	$75 - H/\tan\beta$	$H/\tan\beta$	20	20	$15 \sim 75$

表 8-3   边坡体材料参数

E/MPa	υ	$\gamma/(kN/m^3)$	$\psi/(°)$	c/kPa	$\phi/(°)$
30	0.3	18.8	0	$10 \sim 70$	$15 \sim 45$

表 8-4　边坡体边界类型对应的约束情况

	$x=0$	$x=S$	$y=0$	$y=W$	$z=-D$	$z=H$
PL	$u=0$ $v=0$	$u=0$ $v=0$	$v=0$	$v=0$	$u=0$ $v=0$ $w=0$	free
RR	$u=0$ $v=0$	$u=0$ $v=0$	$u=0$ $v=0$ $w=0$	$u=0$ $v=0$ $w=0$	$u=0$ $v=0$ $w=0$	free
SR	$u=0$ $V=0$	$u=0$ $v=0$	$u=0$ $v=0$	$u=0$ $v=0, w=0$	$u=0$ $v=0$ $w=0$	free
SS	$u=0$ $v=0$	$u=0$ $v=0$	$u=0$ $v=0$	$u=0$ $v=0$	$u=0$ $v=0$ $w=0$	free

注: ① 表中所有边界类型坡顶处均为自由表面, 不受任何方向的约束;

　　② 表中 u, v, w 分别表示边坡单元体在 x, y, z 方向的位移。

8.4.2　边界条件对三维边坡稳定性的影响

为分析不同边界条件对边坡安全系数的影响, 将对边坡在坡角 β、内摩擦角 ϕ 及黏结力 c 变化时采用不同的边界条件所得到的安全系数及滑动面形态进行对比, 以期揭示总结相关规律, 并就实际工程中边界条件的选取原则及方法进行探讨。

1. 不同边界条件下边坡坡角对稳定性的影响

为分析不同边界条件下边坡坡角对安全系数的影响, 三维模型中取用宽高比 $W/H=0.5$, 边坡坡角 $\beta=15°\sim75°$, 内摩擦角 $\phi=20°$, 黏结力 $c=30\text{kPa}$。表 8-5 和图 8-10 汇总了以上几种典型边界条件下边坡坡角变化时安全系数的值, 其中, $\delta_1=(F_{RR}-F_{SS})/F_{SS}$, $\delta_2=(F_{SR}-F_{SS})/F_{SS}$, F_{RR} 表示全约束边界情况下边坡的安全系数, F_{SS} 表示自由边界条件下边坡的安全系数, F_{SR} 表示半约束条件下边坡的安全系数。可见, 随着边坡角的增大, 各种边界条件下, 边坡的安全系数均逐渐减小。全约束边界条件下, 边坡的安全系数最高; 半约束边界条件下, 边坡的安全系数次之; 平面应变模式下, 边坡的安全系数最小, 并且其值与自由边界条件下得到的安全系数非常接近。半约束边界条件下得到的安全系数比自由边界平均高出 29.3%, 全约束边界条件下得到的安全系数比自由边界平均高出 66.1%, 并且当边坡坡角变化于 $15°\sim65°$ 时, 二者之间的差值随边坡角的增大而减小。

表 8-5 不同边界条件下边坡坡角对稳定性的影响

边坡坡角/(°)	15	25	35	45	55	65	75
PL	2.40	1.69	1.30	1.11	0.94	0.82	0.71
SS	2.47	1.74	1.38	1.15	0.98	0.85	0.73
SR	3.49	2.29	1.76	1.44	1.22	1.07	0.94
RR	4.68	2.99	2.25	1.83	1.56	1.30	1.22
δ_1	0.895	0.718	0.630	0.591	0.592	0.529	0.671
δ_2	0.413	0.316	0.275	0.252	0.245	0.259	0.288

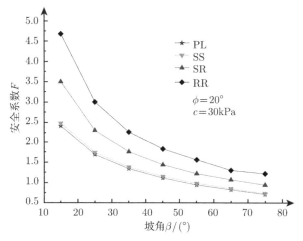

图 8-10　不同边界条件下边坡坡角对稳定性的影响

2. 不同边界条件下内摩擦角对稳定性的影响

采用与分析边坡坡角类似的方法，三维模型中取宽高比 $W/H = 0.5$，边坡坡角 $\beta = 45°$，内摩擦角 $\phi = 15°\sim45°$，黏结力 $c = 30\mathrm{kPa}$。表 8-6 汇总了内摩擦角变化时不同边界条件下计算得到的安全系数。从表 8-6 数据可看出，当边坡内摩擦角由 15° 变化至 45° 时，由平面应变模型、自由边界、半约束边界及全约束边界得到的安全系数平均值分别为 1.434，1.479，1.790 及 2.166。从表 8-6、图 8-11 可看出，不管采用何种计算模式，所得到的安全系数均随内摩擦角的增大而近似线性增大，且三种约束条件下安全系数的增大率也近似相等。理论上平面应变条件下得到的边坡安全系数结果应该与自由边界条件下三维边坡的解相等，但实际上存在一定的偏差 (自由边界比平面应变模型平均高出 3.1%)，这种差别主要源于网格剖分、单元类型等问题。边坡的稳定安全系数在半约束边界下比自由边界提高约 21.9%，而全约束边界比自由边界条件提高约 49.1%，这种偏差与内摩擦角的选取无关，在工程边坡的稳定性评价时不可忽视边界条件的影响。

表 8-6　不同边界条件下内摩擦角对稳定性的影响

内摩擦角/(°)	15	20	25	30	35	40	45
PL	0.97	1.11	1.26	1.42	1.57	1.75	1.96
SS	1.00	1.15	1.29	1.46	1.62	1.81	2.02
SR	1.28	1.44	1.60	1.77	1.95	2.14	2.35
RR	1.65	1.83	2.01	2.19	2.39	2.49	2.60
δ_1	0.650	0.591	0.558	0.500	0.475	0.376	0.287
δ_2	0.280	0.252	0.240	0.212	0.204	0.182	0.163

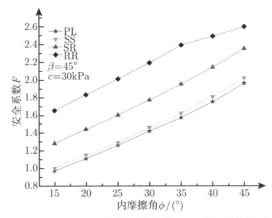

图 8-11　不同边界条件下内摩擦角对稳定性的影响

3. 不同边界条件下黏结力对稳定性的影响

三维模型中取宽高比 $W/H = 0.5$，边坡坡角 $\beta = 45°$，内摩擦角 $\phi = 20°$，黏结力 $c = 10 \sim 70$ kPa。表 8-7 汇总了黏结力变化时不同边界条件下得到的安全系数结果对比。由表 8-7 数据可得出，当黏结力由 10kPa 变化至 70kPa 时，由平面应变模型、自由边界、半约束边界及全约束边界条件得到的安全系数平均值分别为 1.28，1.32，1.697 及 2.196；且半约束边界条件下得到的安全系数比自由边界平均高出 26.8%，由全约束边界条件下得到的安全系数比自由边界平均高出 62.7%。从图 8-12 中曲线还可看出，与内摩擦角影响不同的是，不同边界条件下得到的安全系数随黏结力的变化增量呈现逐渐增大的趋势。

表 8-7　不同边界条件下黏结力对稳定性的影响

黏结力/kPa	10	20	30	40	50	60	70
PL	0.69	0.91	1.11	1.30	1.48	1.65	1.82
SS	0.71	0.94	1.15	1.34	1.53	1.7	1.87
SR	0.82	1.15	1.44	1.71	1.99	2.25	2.52
RR	0.99	1.43	1.83	2.22	2.6	2.96	3.34
δ_1	0.394	0.521	0.591	0.657	0.699	0.741	0.786
δ_2	0.155	0.223	0.252	0.276	0.301	0.324	0.348

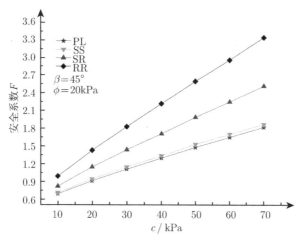

图 8-12 不同边界条件下黏结力对稳定性的影响

4. 不同边界条件下边坡滑动形态比较

在自由边界、半约束边界及全约束边界条件下，边坡体两侧受到的约束类型不同，滑坡形态存在明显差异。为对不同边界条件下，边坡滑动形态进行比较，设计三组对比算例，三维模型宽高比 $W/H = 0.5$，坡角 $\beta = 45°$，内摩擦角 $\phi = 20°$，黏结力 $c = 30\text{kPa}$；FLAC^{3D} 软件中取放大系数为 2，选用沿滑坡方向的位移云图来表征滑动形态。图 8-13 分别为边坡体在自由边界、半约束边界及全约束边界条件下得到的滑动面。在全约束边界中，考虑到边坡体的几何对称性及材料的匀质性，此类边界相当于一半宽度的半约束条件。为验证这一观点，选用 $W/H = 1$，边界为全约束类型和 $W/H = 0.5$，边界为半约束类型的两组算例进行比较，其余几何及材料参数均相同。在 $W/H = 1$ 算例的边坡体对称面处进行剖切。图 8-14 分别

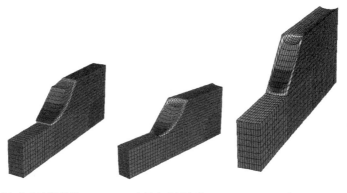

(a) 自由边界条件   (b) 半约束边界条件   (c) 全约束边界条件

图 8-13 不同边界条件下边坡滑动面

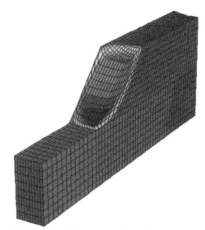

(a) 半约束边界条件下滑坡形态示意图(W/H=0.5)

(b) 全约束边界条件下滑坡形态示意图(W/H=1)

图 8-14   全约束边界与半约束边界等效关系示意图

为这两组算例得到的 x 方向位移云图。通过计算，这两组算例得到的边坡安全系数值均为 1.44；由图中可以看出，滑坡形态也相同，表明对称匀质边坡在满足一定条件时选用全约束边界及半约束边界是等效的。

8.4.3   边坡几何参数和强度参数对稳定性的影响

设计多组比较算例，以揭示边坡体宽度 W、坡角 β、内摩擦角 ϕ、黏结力 c 等因素对边坡稳定性的影响及其影响程度；并将三维计算模型得到的结果与二维计算结果进行对比。

1. 边坡宽度的影响分析

传统的边坡稳定性分析方法是建立在平面应变模型基础上的，在平面应变模型中，边坡被假定为刚体，在第三维宽度方向的长度 (即边坡宽度) 被假定为无限大。若边坡的宽度与边坡高度相比较小，平面应变假设不再满足，边坡体侧面范围内的约束情况将对边坡稳定性及滑动面产生不可忽视的影响，此时必须引入三维效应分析。为验证边坡宽度 W 的影响，设计了 40 组比较算例，边坡宽高比 W/H 由 0.25 变化至 10；算例中边坡坡角 β 取 30°，45°，60° 及 75° 四组值，以分析不同坡角条件下不同宽高比对边坡安全系数值的影响。黏结力 $c = 30\text{kPa}$，内摩擦角 $\phi = 20°$，采用全约束边界条件。通过计算得到边坡安全系数随宽高比的变化规律，如图 8-15 所示。

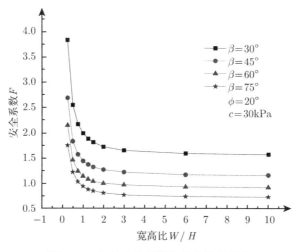

图 8-15　边坡安全系数与宽高比的关系

可见，随着宽高比 W/H 的增大，边坡安全系数明显减小，最后趋于一定值；且坡角越小，安全系数值变化区间越大。$W/H < 3$ 时，得到的边坡安全系数明显较大，其值比二维计算结果平均高出 41%(对应 $\beta = 45°$ 情形)，此时，三维效应的影响不能忽视，不能再按照平面应变原理进行设计和施工，这一点需在研究及实践中得到应有的重视。当 $W/H > 3$ 时，三维效应影响逐渐减弱，得到的安全系数值也趋近于二维模型得到的结果。这是由于在全约束边界条件下，边坡体侧面为固定端，当宽度较小时，边坡体受侧面约束的挟制作用明显，土体趋于稳定；随着宽高比的增大，侧面约束条件对土体的挟制作用减弱，边坡将趋于不稳定；当宽高比较大时 $(W/H > 6)$，侧面约束对土体的挟制作用可忽略，此时可将三维问题简化为平面应变问题，计算得到的结果也趋近于二维模型得到的结果。

2. 边坡坡角的影响分析

边坡坡角也是影响边坡稳定性的一个重要因素, 随着坡角的增加, 边坡的稳定性将降低。为了突出三维效应的影响, 边坡宽高比 W/H 选用 0.5, 1.5, 6 三种情形, 坡角变化范围为 $15°\sim75°$, 算例中取内摩擦角 $\phi = 20°$, 黏结力 $c = 30\text{kPa}$; 并将得到的结果与二维模型的结果进行比较, 如图 8-16 所示。计算结果表明, 边坡安全系数随着坡角的增大而减小。不同宽高比条件下三维模型得到的结果均比二维模型得到的结果高, $W/H=0.5$ 时, 平均高出 70.3%, 最大高出 93.5%; $W/H=1.5$ 时, 平均高出 20.7%, 最大高出 29.0%; $W/H=6$ 时, 平均高出 5.3%, 最大高出 7.1%; 即随着宽高比的增大, 得到安全系数偏差减小。分析图中曲线的走势可得出, 坡角越小, 不同模型及方法得到的安全系数偏差越大; 坡角增大时, 曲线呈收敛状, 偏差逐渐减小。

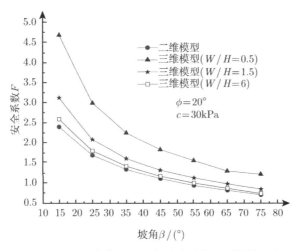

图 8-16   不同宽高比下坡角对边坡安全系数的影响

3. 边坡内摩擦角的影响分析

为研究三维分析中边坡内摩擦角对安全系数的影响, 边坡宽高比选用 $W/H = 0.5$, 内摩擦角变化范围为 $15°\sim45°$, 算例中取坡角 $\beta = 45°$, 黏结力 $c = 30\text{kPa}$; 并将得到的结果与二维模型的结果进行比较, 如图 8-17 所示, 从中可看出, 图中曲线基本平行, 即内摩擦角对三维模型与二维计算模型结果偏差的影响很小, 即内摩擦角对边坡三维效应的影响很小。

为揭示不同边坡体处于临界破坏状态时滑动面的形状差异, 增加内摩擦角 $\phi = 2°$ 及 $\phi = 8°$ 两个算例, 得到三维滑动模式, 如图 8-18 所示。针对每个算例在边坡对称面处进行剖切, 得到不同内摩擦角条件下对应的临界滑动面, 如图 8-19 所示。由图 8-19 可见, 内摩擦角很小时, 滑体的体积很大, 滑动面的位置较深, 滑出

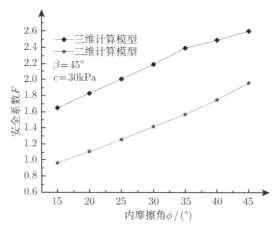

图 8-17 内摩擦角对边坡安全系数的影响

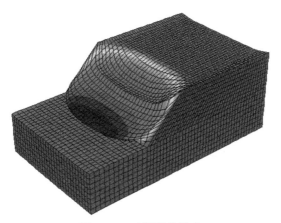

图 8-18 三维滑动模式

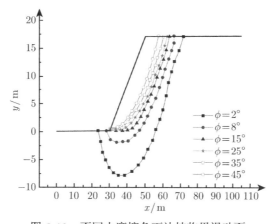

图 8-19 不同内摩擦角下边坡临界滑动面

点的位置不在坡脚处,而是离坡脚有一定的距离;随着内摩擦角的增大,滑体的体积变小、滑动面的位置变浅。当内摩擦角很大时,滑动面贴近于坡面,接近于浅层滑动。这是因为,对于内摩擦角很小的边坡材料 (如淤泥质土等),由于材料间摩擦作用力较小,发生破坏时将触发更深层的滑坡,因而滑坡体的体积更大;而对于内摩擦角较大的边坡 (如岩质边坡),发生破坏时将更多得表现为浅层的崩塌甚至局部风化,无法触发深层滑坡,因而滑出点位置距坡脚较远,滑体体积较小。

在工程实际中,滑动面位置及滑体体积的判断对滑坡的防治及边坡的加固有重要的意义,滑体体积大小及滑动深浅程度一定程度上决定了锚杆、锚索或抗滑桩的长度和位置及挡土墙等支挡结构的设计。

4. 边坡黏结力的影响分析

为研究边坡黏结力的影响,边坡宽高比选用 $W/H = 0.5$,黏结力变化范围为 $10\sim70$ kPa,算例中取坡角 $\beta = 45°$,内摩擦角 $\phi = 20°$;将得到的结果与二维模型的结果进行比较,如图 8-20 所示。从中可看出,在分析边坡安全系数随着黏结力变化的影响时,采用三维计算模型得到的结果明显比二维计算模型得到的结果大,最大偏差为 82.8%,平均偏差为 65.8%。两种模型得到的结果偏差随黏结力的增加而增大,即边坡的三维效应随黏结力增大而突出。为分析黏结力变化对滑动面形状及滑出点位置的影响,增加 $c = 250$kPa 比较算例,在边坡体对称面处取剖切面,将不同黏结力条件下得到滑动面形状汇总绘制得到图 8-21。从以上滑动面比较图分析可得,随着黏结力的增加,滑坡体体积明显增大,边坡破坏表现为深层滑动;当材料黏结力很小时 (如岩质边坡情形),边坡表现为浅层滑动。

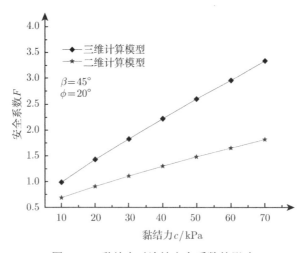

图 8-20   黏结力对边坡安全系数的影响

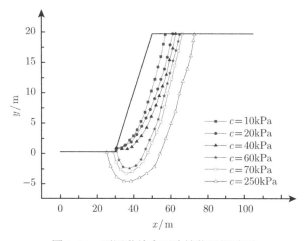

图 8-21　不同黏结力下边坡临界滑动面

8.5　考虑坡面荷载分布的复杂三维边坡稳定性分析

稳定性分析是边坡工程中最基本最重要的课题, 以往研究主要针对边坡在重力作用下的稳定性问题, 边坡的岩土体往往沿潜在滑动面存在向下滑动的趋势, 但当坡面上受到水平荷载作用时, 边坡岩土体向下滑动的趋势会受到抑制, 从而提高边坡的稳定性 (类似挡土墙的作用), 甚至当水平荷载足够大时可改变边坡的破坏模式。以往针对此种类型的边坡稳定性问题研究得还较少, 而本节依托的长沙深坑冰雪世界项目正好为此类问题。长沙深坑冰雪世界项目位于采石形成的矿坑上, 跨越采石场矿坑范围形成整体集中的建筑形态, 如图 8-22 所示。深坑冰雪世界主要功能为溜冰场、滑雪道、水上乐园等, 矿坑上的 −10m 标高平台为主要结构, 最大跨度约 150m 至 180m, 拟采用多向拱形结构支承 −10m 标高平台; 钢结构屋盖覆盖深坑冰雪世界。冰雪世界主体结构及地下室荷载直接作用于矿坑顶部, 由矿坑坑

图 8-22　深坑冰雪世界效果图

壁顶部岩体承受结构竖向荷载和水平作用。为了研究坡面荷载作用下的三维边坡
稳定性，利用数值计算方法建立三维边坡分析模型，分别改变岩土体参数，坡面荷
载的分布范围和大小，探讨边坡安全系数、变形和破坏模式的变化情况，以期为工
程实践提供参考。

8.5.1　数值计算模型的建立

矿坑呈不规则的近椭圆形，周边长直径约 500m、短直径约 400m，整体地势呈
四周高、中部低，坑底高程为 −31～−41m，矿坑壁最大高度达 100m，坡度一般在
75° 以上，局部近于垂直。根据地形图和现场实际情况 [图 8-23(a)]，利用 dimine 软
件采用三角面生成地表模型，图 8-24(a)，将生成的数值地表模型与 CAD 地形图以
及实际的照片 [图 8-24(b)] 进行对比，可以发现模型与现场图和卫星航拍图的轮廓
非常接近，采用此模型进行三维计算能准确反映实际地形情况。

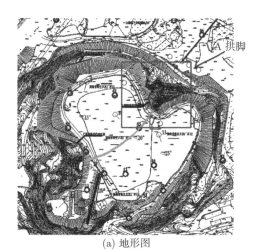

(a) 地形图

(b) 矿坑边坡现场照片

图 8-23　矿坑地形图与现场照片

(a) 地表模型

(b) 卫星航拍图

图 8-24 矿坑边坡整体三维数值模型图

通过初期勘察发现 A 拱脚处岩体稳定性较差。在建筑物使用期内，矿坑 A 拱脚处岩体边坡在静力荷载作用下的整体稳定是否满足安全需要将成为结构方案是否合理可行的关键。因此，需要进行 A 拱脚处坑壁边坡岩体稳定性评价。将 A 拱脚处单独取出进行三维稳定性分析，范围如图 8-23 所示，利用所建立的地表模型，并根据钻孔资料生成地层模型。本章拟采用 FLAC^{3D} 进行数值计算，但由于 FLAC^{3D} 建立数值计算模型的复杂性，因此将生成的地表和地层模型在 ANSYS 软件中进行划分网格，最后导入 FLAC^{3D} 进行计算。图 8-25 为所建立的 A 拱脚数值计算模型，包括 5775 个节点，22100 个单元，将建立的数值模型与实际照片对比 (图 8-26)，可见所建立的数值计算模型能够反映实际地形，模型中灰岩分布如图 8-25(a) 所示。通过现场勘察发现，在 A 拱脚处存在一条断层发育于 A 拱脚东侧，贯通矿坑，延伸长度大于 400m；断层宽 5~10m，带中为大量的灰岩块石、碎石、方解石、砂黏土、次生黄泥等，胶结松散，因此在模型中建立断层模型，并与 CAD 图纸和实际情况进行对比，如图 8-26 所示。

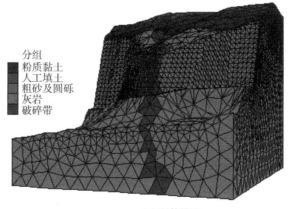

分组
粉质黏土
人工填土
粗砂及圆砾
灰岩
破碎带

(a) 整体模型

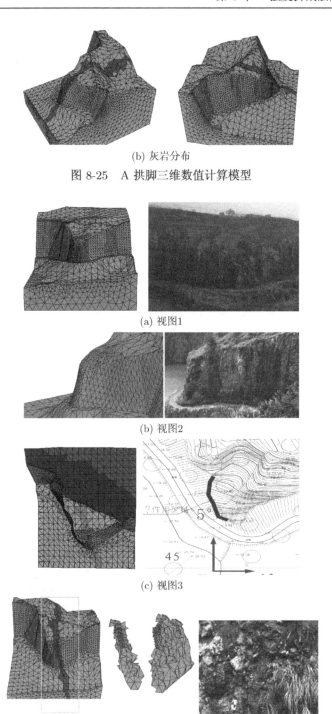

(b) 灰岩分布

图 8-25　A 拱脚三维数值计算模型

(a) 视图1

(b) 视图2

(c) 视图3

(d) 断层视图

图 8-26　A 拱脚模型图与现场图

8.5.2 荷载与边界条件的施加

根据长沙深坑冰雪世界项目方案设计阶段用于岩体稳定性评价的上部结构设计荷载情况,得到上部主体结构拱脚对山体的主要作用点如图 8-23 所示。支座 A 荷载分布范围约 31m,其总作用力见表 8-8。在数值计算模型中设置荷载作用,如图 8-27 所示。

表 8-8 A 支座荷载总作用力

作用力标高绝对/m	作用力/kN		
	x	y	z(重力方向)
18	641184	282135	306240

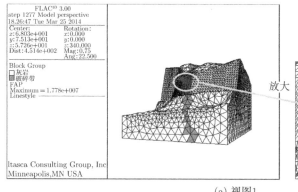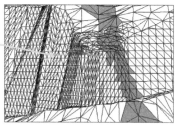

(a) 视图1

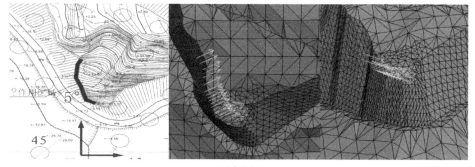

(b) 视图2

图 8-27 A 拱脚荷载加载位置图

模型边界条件为下部和侧面均固定约束,上部为自由边界;初始应力场按自重应力场考虑。在计算过程中,采用强度折减法计算边坡的安全系数,边坡失稳的评判依据为计算不收敛标准。材料的屈服准则为 Mohr-Coulomb 准则,Mohr-Coulomb 准则作为岩土体强度的重要描述模型之一被广泛使用,在强度折减法计算过程中,

将坡体原始黏结力 c^0 和内摩擦角 ϕ^0 同时除以折减系数 K，然后进行数值分析，利用二分法不断改变折减系数 K，反复分析直至边坡达到临界失稳状态，此时对应的黏结力和内摩擦角为 c^{cr} 和 ϕ^{cr}，安全系数 $F^{cr} = 1$。数值计算过程中，根据应变张量计算应力张量，并根据相应 Mohr-Coulomb 模型对计算后的应力是否符合强度准则进行判断，如果达到屈服条件，则要根据相应的塑性流动法则进行应力的调整，使实际应力符合屈服准则。

该边坡基岩为微风化灰岩，厚度大于 210m。边坡大部分基岩裸露，坑壁顶部有较薄的人工填土和粉质黏土，厚度 0.5~35m。根据勘查结果可知，场地岩土层分布主要包括：灰岩、圆砾、粉质黏土和人工填土，具体物理力学参数见表 8-9。

表 8-9   地基各岩 (土) 层力学强度指标成果

地层时代及成因	岩 (土) 层名称	泊松比	抗拉强度 /kPa	容重 $\gamma/(\mathrm{KN/m^3})$	弹性模量 E/MPa	内摩擦角 $\phi/(°)$	凝聚力 c/kPa
Q_4^{ml}	人工填土①	0.4	0	18.8	2.5	10	8
Q_2^{al}	粉质黏土④	0.38	0	19.0	9.0	19	50
	圆砾⑥	0.3	0	20.0	15.0	32	0
D	微风化灰岩⑨	0.22	1400	26.5	90000	36	120

8.5.3 考虑坡面荷载的边坡稳定性分析

设置两种计算方案：方案一，包含所有岩层和土层，并包含断层建立数值模型，进行三维稳定性数值分析；方案二，由于灰岩是承重的主要岩体，因此，在模型中挖除上部土层，分析灰岩的承载稳定性。

安全系数能直观反映岩体在外力作用下的稳定状况，它与岩体强度、应力和强度准则有直接关系。通过 FLAC^{3D} 强度折减法计算 A 拱脚各方案的安全系数见表 8-10，从表中可以看出，A 拱脚在天然状态下即未施加拱脚荷载时，处于稳定状态，安全系数达到 1.65 和 1.85 (只有灰岩情况)。当施加拱脚荷载后，安全系数明显降低，分别为 0.51 和 0.50 (只有灰岩情况)。这说明在该拱脚荷载作用下，A 拱脚区域岩土体处于不稳定状态。

表 8-10   A 拱脚安全系数表

	未加荷载的安全系数	加荷载的安全系数
方案一	1.65	0.51
方案二	1.85	0.50

图 8-28 和图 8-29 为 A 区岩体在拱脚荷载作用下的位移趋势图和破坏范围图，可以看出，在拱脚荷载作用下，A 区突出的岩体将发生破坏，位移趋势大致方向为荷载作用方向，并且由于荷载的作用产生向上滑动的位移趋势。突出的岩体上大

部分发生拉剪破坏，破坏区域从坡顶往内大约 25m 范围，岩体发生整体侧向推移破坏。

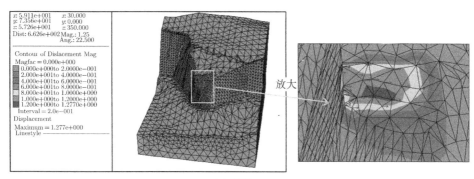

(a) 视图1

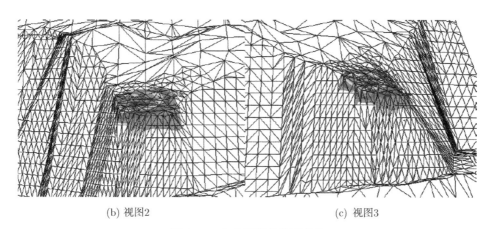

(b) 视图2　　　　　　　　　　　　　　　(c) 视图3

图 8-28　A 拱脚岩体位移趋势

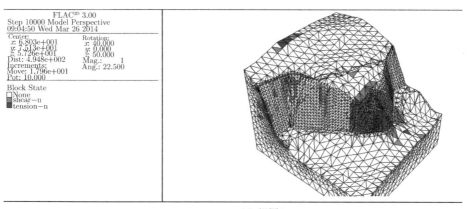

(a) 视图1

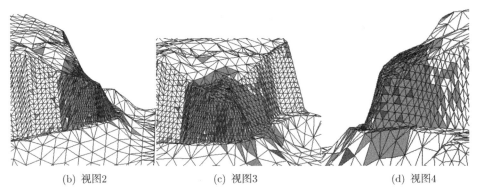

(b) 视图2   (c) 视图3   (d) 视图4

图 8-29   A 拱脚破坏区域分布图

8.5.4   稳定性影响因素分析

从以上分析可知，施加拱脚荷载后，A 拱脚区域岩体将处于较为不稳定状态。因此，为了进一步研究不同因素对 A 拱脚岩体稳定性的影响，以便为后续加固设计方案的选择提供参考，分别改变岩体的黏结力、内摩擦角、荷载作用高度分布范围以及荷载大小，分析相应安全系数的变化。

当岩体的黏结力变化于区间 120~1100 kPa 时，A 拱脚岩体的安全系数将发生变化，如图 8-30 所示。可见，随着黏结力的增大，边坡的安全系数不断增大，二者的关系基本呈现线性特征。并且当岩体的黏结力大于 650kPa 时，A 拱脚的安全系数将大于 1，但若需 A 拱脚岩体的稳定性达到一定安全储备值，则要求岩体黏结力达到一个较大值。

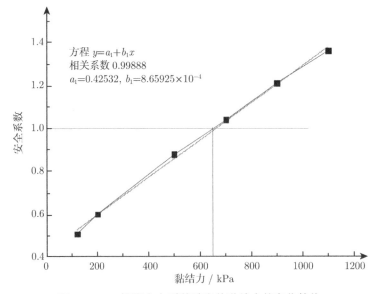

图 8-30   A 拱脚安全系数随岩体黏结力的变化趋势

当岩体的内摩擦角变化于区间 36°~48° 时，A 拱脚岩体的安全系数将发生变化，如图 8-31 所示。可见，随着内摩擦角的增大，边坡的安全系数逐渐增大，二者关系基本呈现线性特征，可通过线性方程进行拟合，结果表明二者的相关性较高。但是，尽管内摩擦角的变化幅度很大，A 拱脚岩体的稳定安全系数却变化不大，从 0.51 变化到 0.60，并且当岩体的内摩擦角达到 48° 时，A 拱脚的安全系数仅为 0.60，仍处于较为不稳定的状态。因此，若加固措施的主要作用是提高岩体的内摩擦角，则无法很好起到加固岩体的效果。

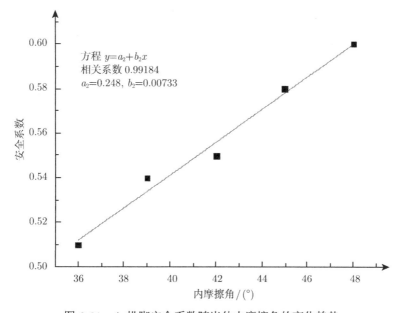

图 8-31 A 拱脚安全系数随岩体内摩擦角的变化趋势

为了研究拱脚基础高度对于 A 拱脚岩体稳定性的影响，改变拱脚基础高度于区间 3~12m，计算得到岩体的安全系数，如图 8-32 所示。从中可以看出，随着拱脚基础高度的增大，拱脚荷载的分布范围逐渐增大，从而使岩体的受力面积增大，减小岩体的应力幅值，有利于岩体的稳定。因此，岩体的安全系数也不断增大，但增大的幅度逐渐减小，说明拱脚基础高度 H 对于提高岩体稳定性的贡献逐渐减小。另外，安全系数 F 与拱脚荷载分布高度 H 之间呈现非线性关系，通过以下方程对二者的关系进行拟合

$$F = a_3 \cdot H^{b_3} \tag{8-20}$$

式中，a_3，b_3 为待定系数。

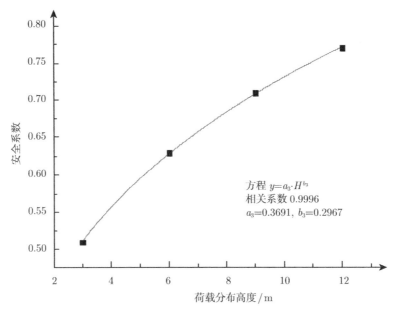

图 8-32   A 拱脚安全系数随拱脚荷载分布高度的变化趋势

通过拟合得到相关系数大于 0.99，说明二者呈现高度的相关性。但是，尽管荷载的分布高度变化幅度较大，A 拱脚岩体的稳定安全系数变化有限，从 0.51 变化到 0.77，并且当拱脚基础高度达到 12m 时，A 拱脚的安全系数仅为 0.77，仍处于较为不稳定的状态，说明在该拱脚荷载的水平分力作用和岩体目前状态下在剪切破坏面上的正应力已无法形成有效抵抗的摩阻力，因此，若加固措施的主要作用是增大基础高度，则无法很好地起到加固岩体的效果。

通过调整拱脚的方向可改变拱脚荷载的三个分量，因此，进一步探讨通过调整拱脚荷载大小以改变边坡安全系数的方法。变化拱脚在 x，y，z 方向上的荷载分量，分析相应的安全系数，设置 k_x，k_y，和 k_z 分别表示荷载在 x，y，z 方向上的变化系数，

$$k_x = x_0/x_i \tag{8-21}$$

$$k_y = y_0/y_i \tag{8-22}$$

$$k_z = z_0/z_i \tag{8-23}$$

式中，x_0，y_0，z_0 表示拱脚初始荷载在 x，y，z 方向上的分量；x_i，y_i，z_i 表示调整后的拱脚荷载在 x，y，z 方向上的分量。

从图 8-33 中可以看出，随着 x 方向荷载的增大，安全系数呈现先增大后减小的趋势；由于 $k_x < 1$，岩体的安全系数均大于原始荷载状态下 (即 $k_x = 1$) 的安全

系数 0.51, 说明减小 x 方向荷载能够增大边坡安全系数, 并且 $k_x = 0.28\sim0.47$ 时, 岩体的安全系数大于 1, 处于稳定状态。当 k_x 达到一定值后 ($k_x = 0.35$), 继续增大 k_x 将会导致安全系数下降。这是由于未施加 x 方向荷载时, 拱脚处岩体主要发生 x 负向的变形, 其潜在滑动体存在向 x 负向滑动的趋势 (图 8-34), 而随着 x 方向拱脚荷载的增大, 该处岩体向 x 负向变形的趋势受到抑制, 限制了滑动体的运动 (图 8-34), 从而有利于岩体的稳定性。但进一步增大 k_x 时, 当 x 方向荷载足够大以致岩体的位移趋势从原先的 x 负向转变为 x 正向, 导致破坏模式发生变化, 拱脚处的岩体稳定性由边坡稳定性问题转换为地基稳定性问题, 同时潜在滑动面发生变化, 潜在滑动体发生向侧向剪出的位移趋势。从拱脚处荷载作用点处岩体的平均位移还可看出 (图 8-33, 此时的平均位移为施加荷载后, 计算 5000 步后得到的位移值, 然后除以荷载作用的节点数; 若安全系数小于 1, 则系统出现破坏, 其平均位移将不断增大, 因此, 本节在各个计算方案中均设置 5000 步的计算时间, 以对比相同时步下的平均位移), 随着 k_x 的增大, 由于岩体原先的位移趋势受到抑制, 从而总位移逐渐减小, 当总位移达到最小值时, 对应边坡岩土体的安全系数达到最大值, 即总体位移最小值所对应的 k_x 与安全系数最大值所对应的 k_x 相同, 为 0.35; 若继续增大 k_x, 位移矢量出现反向, 则总位移呈现不断增大的趋势。另外, 在 k_x 变化过程中, 受到 x 方向荷载的变化, 尽管 y 方向和 z 方向荷载并不发生变化, 但 y 方向位移和 z 方向位移在不断变化。从拱脚岩体的破坏区域中 (图 8-35) 可以看出, 随着 k_x 的增大, 拱脚处岩体的破坏区域不断增大, 直到破坏区域最终贯通整个拱脚, 即拱脚处将发生横向山体的剪出破坏。

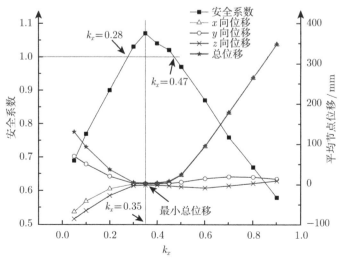

图 8-33 保持 $k_y = k_z = 1$, 改变 k_x 时安全系数与位移

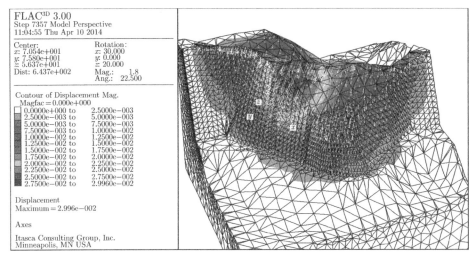

(a) 总位移云图

(b) x方向位移云图　　　　　　　　(c) y方向位移云图

图 8-34　未加荷载时的位移云图

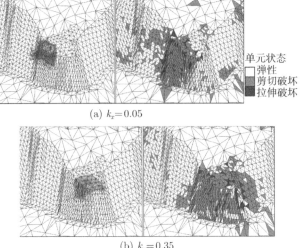

(a) $k_x = 0.05$

(b) $k_x = 0.35$

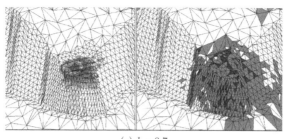

(c) $k_x = 0.7$

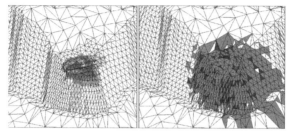

(d) $k_x = 0.9$

图 8-35 保持 $k_y = k_z = 1$, 改变 k_x 时的总位移与破坏区域云图

图 8-36 为拱脚处岩体安全系数与 k_y 的关系。可见, 随着 k_y 的增大, 岩体的安全系数呈现先增大后减小的趋势, 但岩体安全系数均小于 1, 即单纯调整 y 方向荷载无法使岩体达到安全状态。当 $k_y < 1$ 时, 拱脚岩体的安全系数均小于原始荷载状态下 (即 $k_y = 1$) 的岩体安全系数 0.51, 说明减小 y 方向荷载反而使岩体变得更加不稳定。这是由于 y 方向荷载影响着横向破坏面 [图 8-37(a)] 上的法向应力。若减小 y 方向荷载则横向破坏面上的法向应力将减小, 根据 Mohr-Coulomb 准则, 横向破坏面上的剪切强度也将减小, 从而降低岩体的安全系数。而随着 k_y 的增大, y 方向荷载增大引起岩体横向破坏面上剪切强度逐渐增加, 从而使安全系数逐渐增大, 如图 8-36 中 $k_y = 0.1 \sim 3.0$ 的情况。并且岩体的位移趋势均为 x 正向, 破坏区域为拱脚突出部分被横向剪断, 如图 8-37 所示。但当 $k_y > 3.0$ 后, 若继续增加 y 方向荷载, 并不延续之前的趋势, 而是呈现安全系数逐渐减小的趋势。对比岩体的位移和破坏云图 (图 8-37), 可发现这是由于岩体的变形和破坏模式发生了变化, 由原先 x 正向的变形趋势逐渐向 y 方向转变, 其破坏模式也由拱脚岩体突出部位的横向剪断转变为沿 y 方向的剪切破坏。另外, 同样记录作用点处岩体的平均位移, 如图 8-36 所示。可见, 总位移呈现先减小后增大的趋势, 并且总位移最小值对应的 k_y 与安全系数最大值所对应的 k_y 相同, 为 2.7, 说明可以使用总位移变化趋势作为判断岩体稳定性变化趋势的指标。

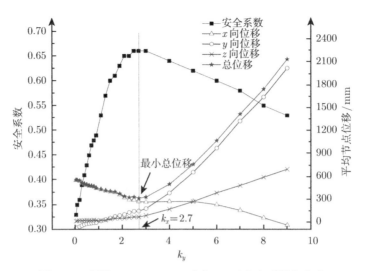

图 8-36   保持 $k_x = k_z = 1$, 改变 k_y 时安全系数与位移

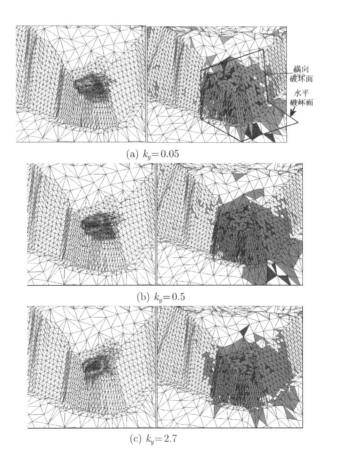

(a) $k_y = 0.05$

(b) $k_y = 0.5$

(c) $k_y = 2.7$

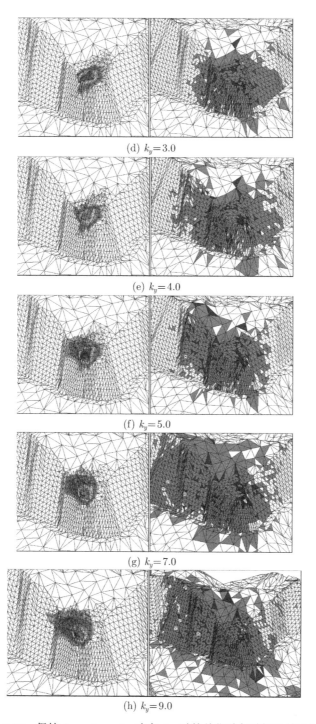

(d) $k_y=3.0$

(e) $k_y=4.0$

(f) $k_y=5.0$

(g) $k_y=7.0$

(h) $k_y=9.0$

图 8-37 保持 $k_x=k_z=1$, 改变 k_y 时的总位移与破坏区域云图

图 8-38 为保持 $k_x = k_y = 1$, 改变 k_z 时的安全系数情况, 与单独变化 k_x 和 k_y 类似, 安全系数随 k_z 的增大呈现先增大后减小的趋势, 但岩体安全系数均小于 1, 即单纯调整 z 方向荷载无法使岩体达到安全状态。当 $k_z < 1$ 时, 拱脚岩体的安全系数均小于原始荷载状态下 (即 $k_y = 1$) 的岩体安全系数 0.51, 说明减小 z 方向荷载将减小岩体的稳定性。这是由于 z 方向荷载影响着拱脚岩体底部破坏面上的法向应力。因此, 随着 k_z 的增大, z 方向荷载不断增大, 增加拱脚岩体底部破坏面上的法向应力, 进而使破坏面上的剪切强度和岩体的安全系数均增大, 如图 8-38 中 $k_y = 0.1 \sim 2.5$ 的情况。但当 $k_z > 2.5$ 后, 若继续增加 z 方向荷载, 安全系数则逐渐减小。对比岩体的位移和破坏云图 (图 8-39), 可发现这是由于岩体的变形模式发生了变化, 由原先 x, y 方向荷载主控的变形趋势转变为由 z 方向荷载主控的变形, 其总位移矢量也逐渐由近水平方向向竖直向下的方向转变。另外, 同样记录作用点处岩体的平均位移, 如图 8-38 所示。可见, 与单独变化 k_x 和 k_y 类似, 总位移变化曲线仍可作为判断岩体安全系数走势的指标, 而单独的 x, y, z 方向位移则无法作为相应的指标, 总位移最小值对应的 k_x 与安全系数最大值所对应的 k_z 相同, 为 2.5。

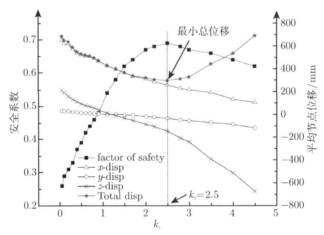

图 8-38   保持 $k_x = k_y = 1$, 改变 k_z 时安全系数与位移

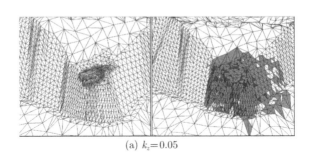

(a) $k_z = 0.05$

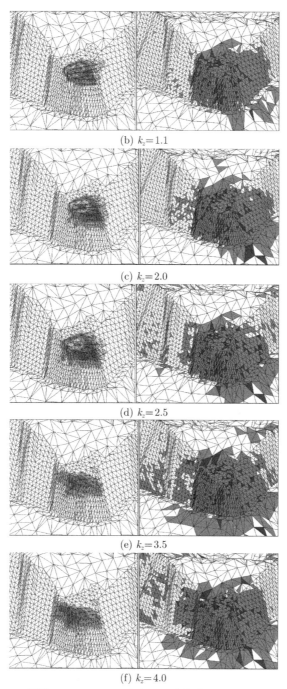

(b) k_z=1.1

(c) k_z=2.0

(d) k_z=2.5

(e) k_z=3.5

(f) k_z=4.0

图 8-39　保持 $k_x = k_y = 1$，改变 k_z 时的总位移与破坏区域云图

参 考 文 献

[1] 郑颖人，陈祖煜，王恭先，等. 边坡与滑坡工程治理[M]. 北京: 人民交通出版社，2007.

[2] 陈祖煜. 土质边坡稳定分析[M]. 北京: 中国水利水电出版社，2005.

[3] 张永兴. 边坡工程学[M]. 北京: 中国建筑工业出版社，2008.

[4] Han J, Leshchinsky D. Limit equilibrium and continuum mechanics-based numerical methods for analyzing stability of MSE walls[C]//17th ASCE Engineering Mechanics Conference. Newark: University of Delaware, 2004: 1-8.

[5] Zienkiewicz O C, Humpheson C, Lewis R W. Associated and non-associated visco-plasticity and plasticity in soil mechanics[J]. Geotechnique, 1975, 25(4): 671-689.

[6] Matsui T, San K C. Finite element slope stability analysis by shear strength reduction technique[J]. Soils and Foundations, 1992, 32(1): 59-70.

[7] Griffiths D V, Lane P A. Slope stability analysis by finite elements[J]. Geotechnique, 1999, 49(3): 387-403.

[8] Dawson E M, Roth W H, Drescher A. Slope stability analysis by strength reduction[J]. Geotechnique, 1999, 49(6): 835-840.

[9] 宋二祥. 土工结构安全系数的有限元计算[J]. 岩土工程学报, 1997, 19(2): 4-10.

[10] 连镇营, 韩国城, 孔宪京. 强度折减有限元法研究开挖边坡的稳定性[J]. 岩土工程学报, 2001, 23(4): 407-411.

[11] 郑宏, 李春光, 李焯芬, 等. 求解安全系数的有限元法[J]. 岩土工程学报, 2002, 24(5): 626-628.

[12] 邓楚键, 何国杰, 郑颖人. 基于 M-C 准则的 D-P 系列准则在岩土工程中的应用研究[J]. 岩土工程学报, 2006, 28(6): 735-739.

[13] 唐芬, 郑颖人. 强度储备安全系数不同定义对稳定系数的影响[J]. 土木建筑与环境工程, 2009, 31(3): 61-65,97.

[14] 张鲁渝, 郑颖人, 赵尚毅, 等. 有限元强度折减系数法计算土坡稳定安全系数的精度研究[J]. 水利学报, 2003, (1): 21-27.

[15] 郑颖人, 赵尚毅. 有限元强度折减法在土坡与岩坡中的应用[J]. 岩石力学与工程学报, 2004, 23(19): 3381-3388.

[16] 郑颖人, 赵尚毅. 边 (滑) 坡工程设计中安全系数的讨论[J]. 岩石力学与工程学报, 2006, 25(9): 1937-1940.

[17] 杨光华, 张玉成, 张有祥. 变模量弹塑性强度折减法及其在边坡稳定分析中的应用[J]. 岩石力学与工程学报, 2009, 28(7): 1506-1512.

[18] 李小春, 袁维, 白冰, 等. 基于局部强度折减法的边坡多滑面分析方法及应用研究[J]. 岩土

力学, 2014, (3): 847-854.

[19] 陈国庆, 黄润秋, 周辉, 等. 边坡渐进破坏的动态强度折减法研究[J]. 岩土力学, 2013, 34(4): 1140-1146.

[20] 王军, 曹平, 唐亮, 等. 考虑流变固结效应和强度折减法的土质边坡安全系数[J]. 中南大学学报 (自然科学版), 2012, 43(10): 4010-4016.

[21] 唐芬, 郑颖人. 边坡稳定安全储备的双折减系数推导[J]. 重庆交通大学学报 (自然科学版), 2007, 26(4): 95-100.

[22] 唐芬, 郑颖人. 边坡渐进破坏双折减系数法的机理分析[J]. 地下空间与工程学报, 2008, 4(3): 436-441,464.

[23] 唐芬, 郑颖人. 基于双安全系数的边坡稳定性分析[J]. 公路交通科技, 2008, 25(11): 39-44.

[24] 唐芬, 郑颖人, 赵尚毅. 土坡渐进破坏的双安全系数讨论[J]. 岩石力学与工程学报, 2007, 26(7): 1402-1407.

[25] 白冰, 袁维, 石露, 等. 一种双折减法与经典强度折减法的关系[J]. 岩土力学, 2015, 36(5): 1275-1281.

[26] Bai B, Yuan W, Li X-c. A new double reduction method for slope stability analysis[J]. Journal of Central South University, 2014, 21(3): 1158-1164.

[27] Yuan W, Bai B, Li X-c, et al. A strength reduction method based on double reduction parameters and its application[J]. Journal of Central South University, 2013, 20(9): 2555-2562.

[28] 赵炼恒, 曹景源, 唐高朋, 等. 基于双强度折减策略的边坡稳定性分析方法探讨[J]. 岩土力学, 2014, (10): 2977-2984.

[29] 邹济韬, 李云安. 双强度折减法在高边坡稳定性分析中的应用[J]. 安全与环境工程, 2012, 19(6): 59-63.

[30] 郑宏, 田斌, 刘德富, 等. 关于有限元边坡稳定性分析中安全系数的定义问题[J]. 岩石力学与工程学报, 2005, 24(13): 2225-2230.

[31] Taylor D W. Stability of earth slopes[J]. Journal of the Boston Society of Civil Engineers, 1937, 24: 197-246.

[32] 李广信. 高等土力学[M]. 北京: 清华大学出版社, 2004.

[33] 黄文熙. 土的工程性质[M]. 北京: 水利电力出版社, 1983.

[34] 钱家欢, 殷宗泽. 土工原理与计算[M]. 北京: 中国水利水电出版社, 1996.

[35] Duncan J M. State of the art: limit equilibrium and finite element analysis of slopes[J]. Journal of Geotechnical engineering, 1996, 122(7): 577-596.

[36] Michalowski R L. Stability charts for uniform slopes[J]. Journal of Geotechnical and Geoenvironmental Engineering, 2002, 128(4): 351-355.

[37] 栾茂田, 武亚军, 年廷凯. 强度折减有限元法中边坡失稳的塑性区判据及其应用[J]. 防灾减灾工程学报, 2003, 23(3): 1-8.

[38] 赵尚毅, 郑颖人, 张玉芳. 极限分析有限元法讲座 —— II有限元强度折减法中边坡失稳的判据探讨[J]. 岩土力学, 2005, 26(2): 332-336.

[39] 林杭, 曹平, 宫凤强. 位移突变判据中监测点的位置和位移方式分析[J]. 岩土工程学报, 2007, 29(9): 1433-1438.

[40] 刘金龙, 栾茂田, 赵少飞, 等. 关于强度折减有限元方法中边坡失稳判据的讨论[J]. 岩土力学, 2005, 26(8): 1345-1348.

[41] 迟世春, 关立军. 基于强度折减的拉格朗日差分方法分析土坡稳定性[J]. 岩土工程学报, 2004, 26(1): 42-46.

[42] 宋二祥, 高翔, 邱玥. 基坑土钉支护安全系数的强度参数折减有限元方法[J]. 岩土工程学报, 2005, 27(3): 258-263.

[43] Cheng Y M, Lansivaara T, Wei W B. Two-dimensional slope stability analysis by limit equilibrium and strength reduction methods[J]. Computers and Geotechnics, 2007, 34(3): 137-150.

[44] 吴春秋. 非线性有限单元法在土体稳定分析中的理论及应用研究[D]. 武汉: 武汉大学博士学位论文, 2004.

[45] 刘明维, 郑颖人. 基于有限元强度折减法确定滑坡多滑动面方法[J]. 岩石力学与工程学报, 2006, 25(8): 1544-1549.

[46] Jiang J C, Yamagami T. A new back analysis of strength parameters from single slips[J]. Computers and Geotechnics, 2008, 35(2): 286-291.

[47] Jiang J C, Yamagami T. Charts for estimating strength parameters from slips in homogeneous slopes[J]. Computers and Geotechnics, 2006, 33(6-7): 294-304.

[48] Taylor D W. Fundamentals of Soil Mechanics[M]. New York: John Wiley & Sons, Inc, 1948.

[49] Lin H, Cao P. A dimensionless parameter determining slip surfaces in homogeneous slopes[J]. KSCE Journal of Civil Engineering, 2014, 18(2): 470-474.

[50] Wesley L D, Leelaratnam V. Shear strength parameters from back-analysis of single slips[J]. Geotechnique, 2001, 51(4): 373-374.

[51] Chandler R J. Back analysis techniques for slope stabilization works: a case record[J]. Geotechnique, 1977, 27(4): 479-495.

[52] Zhang L L, Zhang J, Zhang L M, et al. Back analysis of slope failure with Markov chain Monte Carlo simulation[J]. Computers and Geotechnics, 2010, 37(7-8): 905-912.

[53] Kahatadeniya K S, Nanakorn P, Neaupane K M. Determination of the critical failure surface for slope stability analysis using ant colony optimization[J]. Engineering Geology, 2009, 108(1-2): 133-141.

[54] Wei W B, Cheng Y M. Strength reduction analysis for slope reinforced with one row of piles[J]. Computers and Geotechnics, 2009, 36(7): 1176-1185.

[55] 宋建波, 刘唐生, 于远忠. Hoek-Brown 准则在主应力平面表示形式的讨论[J]. 岩土力学, 2001, 22(1): 86-87,113.

[56] 巫德斌, 徐卫亚. 基于 Hoek-Brown 准则的边坡开挖岩体力学参数研究[J]. 河海大学学报(自然科学版), 2005, 33(1): 89-93.

[57] 吴顺川, 金爱兵, 高永涛. 基于广义 Hoek-Brown 准则的边坡稳定性强度折减法数值分析[J]. 岩土工程学报, 2006, 28(11): 1975-1980.

[58] 于远忠, 宋建波. 经验参数 m,s 对岩体强度的影响[J]. 岩土力学, 2005, 26(9): 1461-1463,1468.

[59] Hoek E, Brown E. Practical estimates of rock mass strength[J]. International Journal of Rock Mechanics and Mining Sciences, 1997, 34(8): 1165-1186.

[60] Itasca Consulting Group. Theory and Background[M]. Minnesota: Itasca Consulting Group, 2002.

[61] Hoek E, Carranza-Torres C, Corkum B. Hoek-Brown failure criterion-2002 edition[J]. Proceedings of NARMS-TAC, 2002: 267-273.

[62] Itasca Consulting Group. Fast Lagrangian Analysis of Continua in 3 Dimensions, User Manual, Version 3.1[M]. Minnesota: Itasca Consulting Group, 2004.

[63] 潘家铮. 建筑物的抗滑稳定和滑坡分析[M]. 北京: 水利出版社, 1980.